王敏◎编著

行为心理学

中国纺织出版社有限公司

内 容 提 要

人生如戏，我们每个人都在人生舞台上扮演着不同的角色。了解人的微反应和微行为，就能帮助我们轻松了解他人的真实心理，就能辨明人际关系的准确线索。

本书列举了大量的实例，并从心理学的角度进行了深度地剖析，内容涉及社交、职场、婚恋关系等多方面，由表及里，层层深入，引导读者学会揭开他人的心理伪装，进而轻松掌握人际关系中的主动权，做人际博弈的大赢家。

图书在版编目（CIP）数据

行为心理学 / 王敏编著. --北京：中国纺织出版社有限公司，2019.11（2023.1 重印）
ISBN 978-7-5180-6228-7

Ⅰ.①行…　Ⅱ.①王…　Ⅲ.①行为主义—心理学
Ⅳ.①B84-063

中国版本图书馆CIP数据核字（2019）第098619号

责任编辑：郝珊珊　　特约编辑：王佳新　　责任印制：储志伟

中国纺织出版社有限公司出版发行
地址：北京市朝阳区百子湾东里A407号楼　邮政编码：100124
销售电话：010—67004422　传真：010—87155801
http://www.c-textilep.com
中国纺织出版社天猫旗舰店
官方微博http://weibo.com/2119887771
佳兴达印刷（天津）有限公司印刷　各地新华书店经销
2019年11月第1版　2023年1月第3次印刷
开本：710×1000　1/16　印张：13
字数：168千字　定价：39.80元

前言

生活中，我们每个人都是社会的人，就免不了要与人打交道，而在这个过程中，不是所有人都会袒露心扉、直言不讳，不少人会带着面具与我们打交道。当然，原因有很多种。对于你每天面对的那些人，你真的了解吗？他们是表里如一，还是信口雌黄？对于自己的领导或同事，你又知道多少？

事实上，不管你是有出众的能力、渊博的知识，还是有过人的手腕，如果你读不懂对方的心理，也很难保持良好的人际关系。

我们可以说，人际交往、做人做事都和心理学有着千丝万缕的联系。中国古代兵法云："用兵之道，攻心为上，攻城为下；心战为上，兵战为下。"这一兵法，尤其在现代社会社交生活中大有用武之地。如果不懂他人心理，即便你口若悬河、煞费周章，也可能南辕北辙、毫无效果；相反，如果了解对方的心理，可能只须付出一点点，便能洞悉对方内心世界，从而先入为主，占尽社交先机，达到交际目的。

然而，要洞悉他人心理，需要我们找对方式方法。而他人的微反应与微行为，就是了解其内心的突破口。人的微反应与微行为的范畴很广，比如，通过他人的表情、说话的语气和举止，就能够知道其内心的真实想法。因为在一些微反应和微行为中，都隐藏了一定的秘密。当然，他人的一些生活习惯，如开车方式、说话习惯、坐立行的姿势都是他们的性格和行为状态的外显……除此之外，在具体的环境下，我们最好要学会一些心理策略，无论是职场、社交场合还是恋爱中，掌握他人的心理动态，然后对症下药，都能让我们说对的话、做对的事，最终达到我们想要的结果。

可见，在这个社会上，只有识人，你才能在交际中左右逢源；只有识人，你才能获得真正的朋友和爱人；只有识人，你才能占领博弈的制高点，赢得与对手的对决。如此，我们才能拥有一个圆满幸福的人生。

可以说，本书就是一本实用的心理学教程。翻开这本书，你会发现它是非常详尽的读心术指导手册，它会教你在与人交往的过程中如何用一双眼睛洞察周围的事物和周围人的想法，从而用一种正确的方式来应对周围形形色色的人，助你到达成功的彼岸，赢得幸福的人生！

编著者

2019年2月

目录

第 01 章

了解微反应：轻松捕捉微反应

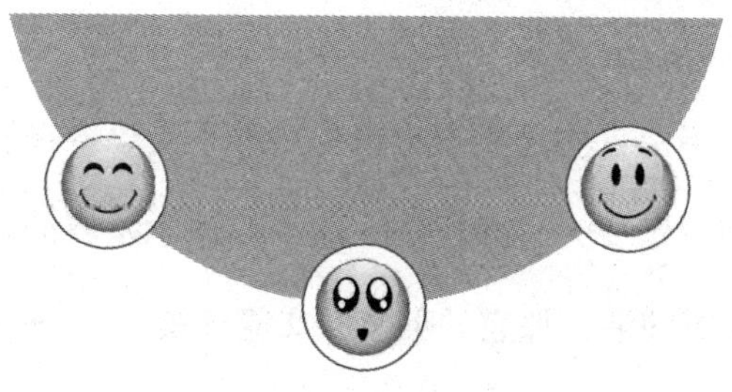

现实生活中，我们发现人们在与人交流的同时，也会伴随着一些细微的表情和动作。比如，人们在高兴时不但会用语言表达喜悦，还有可能眉飞色舞，甚至手舞足蹈，伤心时会掩面哭泣，激动时会张大嘴巴等。在你看来，这些可能是人类毫无意义的习惯性动作，殊不知，这些看似不起眼的微反应，却时刻在表达着我们的内心，因为身体语言代表着人们心里最深处的想法，是最真实的感受。

了解微反应的定义

微反应的全称，应该是“心理应激微反应”，它是人们在受到有效刺激的一瞬间，不由自主地表现出来的一种不受思维控制的一刹那真实反应。假如我们一定要为“微反应”这个心理学领域的新词找到一个其他心理词汇来对应的话，那它的英文原文应该是“Micro-expressions”，通常我们会称之为“微表情”。

“Micro-expressions”这个词汇是怎么来的呢？随着美国电视剧的快速传播，许多人都已经知道了这个词汇——微表情。实际上，这个词汇并不是电视剧制造出来的，而是源于一个心理学概念词汇。微表情，即时间非常短的或不充分的面部表情，主要用于判断被测试人的真实情绪，可用于测谎。不过，一旦我们翻开英语词典，就会知道“expression”这个词语的中文意思不但指的是表情，而是涵盖了“表达”“表现”“词句”等多种意义，最标准的译法就是“表达方式”。

1.微反应注重“微小”

大量研究表明，大多数人的动作表现都是可以进行主观控制的，不过有少数情况是例外的，如眼睛瞳孔的变化。不过我们都应该清楚，人具有动物性，我们在受到刺激时会作出各种各样的反应以及表现，而且这些行为通常不会是故意做出来的。在刺激有效的情况下，当事人最初刹那间的反应大部分都是不受大脑控制的，也就是说是真实可靠的。不过，这样的反应并不是持久的，很快就被控制和修正了，而且动作幅度较小，这就是为什么我们要注重“微反应”，因为这个反应是微小的，不容易被发现的。

2.微反应表现的是“刺激—反应”的过程

当然，我们要想一个人表现出最真实的心理状态，需要制造一个前提条件，那就是有效的刺激。由于关于“有效刺激”的研究与“表现”的研究同样地重要而不可或缺，所以心理学家决定用“反应”一词来涵盖“刺激—表现”这个完整的过程，并把全部的内容提炼成一个词语，就是Micro-expressions，即微反应。

3.微反应的含义

严格意义上而言，“微反应”是一个广义的词汇，其中包括三个方面的内容：一是我们都耳熟能详的“微表情”，属于“面孔微反应”；二是除了表情以外的，其他可以映射心理状态的身体动作，也就是我们经常说的“小动作”，或者可以称为“微动作”，属于“身体微反应”；三是语言信息本身，包括使用的词汇、语法以及声音特征，称为“微语义”，属于“语言微反应”。

不过，在通常汉语语境的角度下，微反应这个词语可以让我们联想到身体的动作反应，也就是我们说的微动作。因此，微反应也可以从一个狭义的角度来理解，这可以让人们更容易理解。在这里，我们需要探讨的就是身体微反应。

微反应是怎么产生的呢?

当一个人在受到意外刺激的时候，第一反应就是减少身体动作，保持瞬间静止，便于弄清楚状况并判断应对策略。从这种身体忽然僵直或减弱活动的反应中，能够判断出对方感到吃惊，随后可能产生恐惧、愤怒或者喜悦的心理感受。当一个人故意将原本完整的动作或表情压缩到极致的时候，他表现出来的不是一个夸张的表情和动作，而是一个极小的反应，这很容易被人们所忽略，这种反应其实就是一个微弱的反应。

实际上，这种轻微的反应的本质就是隐藏，为了不引起别人的注意。比如，在被捕猎的过程中，较弱的一方不能战斗，或者说打不赢，他们只有选择逃跑，假如跑得不快，那就只有隐藏起来。而隐藏的时候，假如呼吸不注意隐藏，那气流的流动和呼吸的声音还是会将自己的位置暴露出来，这是极其危险的事情。所以，长时间进化积累的本能就是隐藏自己时会减弱甚至停止呼吸。在现代社会，在视觉上的隐藏除了军人、特工和罪犯以外，已经很少有人需要了，不过他们在遭遇尴尬时还是会有这样的心态——恨不得有个地缝钻进去。此外，他们遭遇压力的时候，主观心理上还是希望通过隐藏的手段来保护自己，主动减弱或者停止呼吸，希望通过这样减少别人对自己的关注。尽管客观上是不可能的，但他们还是忍不住会这样去想。

心理学家认为，通常情况下，一个人遭遇负面刺激时会不知不觉地减弱甚至停止呼吸。按照这个推论进行推断，上司骂人的时候，挨骂的人如果呼吸比较急促或强烈，那就是值得注意的反常反应，这往往意味着挨批的人隐藏着委屈、不服甚至是反抗的情绪。如果你是这位上司，那就要想办法进一步去了解信息了。

透过微反应，了解语言真实性

微反应表现的是真实情感吗？通过微反应获得的信息真的可靠吗？一个人可以在自己的微反应上做手脚吗？不可否认，人是一种会说谎的动物，说谎的功能器官就是嘴巴。不过心理学认为，人是一种诚实的动物，因为微反应是最为诚实的，它可以如实地表达自己内心的想法。

微反应的产生，一方面是外界信息刺激的结果，另外一方面是内部信息刺激的结果。前者主要指的是经过人的外部感觉器官而进入大脑的刺激，比如，突然听到东西爆炸的声音，忽然看到一辆车飞过来，等等；后者指的是经过内部感觉器官而进入大脑的刺激，如突然感觉身体不适。不论是来自内部的信息刺激，还是来自外部的信息刺激，最终都会集中在人的中枢神经系统，最后通过微反应表现出来。所以，微反应的产生与信息加工的关系是极其紧密的，可以说微反应是人的大脑对来自内外信息加工结果的直接延伸和表现形式，是个人对主客观环境作出的适应性反应，这是真实可靠的。

1.撒谎时微反应与言语是相悖的

心理学家认为，当人在说真话的时候，语言、语音语调以及肢体动作往往都是协调一致、自然流畅的，这都源于人的主观意愿和客观表达的一致性和协调性。当一个人在撒谎的时候，特别是他撒谎的后果比较严重的时候，语言、语音、语调以及肢体行为的配合往往会出现僵硬、做作的表现。

或许有的人表示，有时候自己撒谎也没被人识破，这主要不是因为你善于在微反应上做手脚，而是在平时生活中，大部分的人都不善于去通过分析微反应来识别谎言。不过，许多微反应所表现的情感是掩饰不了的，只要你在撒谎，谎言总有被识破的一天，假如你不希望自己的谎言被识破，那就实话实说。

2.虚假的微反应会漏洞百出

尽管有的人在平时沟通中故意摆出某种虚假的微反应，希望能干扰他人的判断，不过人不可能在整个交流过程中一直刻意做出各种虚假的动作，故意摆出的虚假微反应没有什么实质性的心理意义，这是一种意识性反应。而真正有意义的微反应是无意识反应，也就是受无意识支配的微反应，虽然这两种肢体反应经常会在交流和沟通中同时出现，不过相比较而言，无意识反应更加真实可靠。

3.相比较口头语言，微反应更具真实性

在现实生活中，我们经常会遇到这样的情境：当自己弄了一个新发型的时候，问朋友，他可能嘴上说“不错，还可以”，不过我们认真观察对方的表情，可能会发现他有微微皱眉的动作，或眼神闪烁，或双手握拳，这些肢体动作都表示他内心在排斥你，他对你这个新发型有点反感。这时候我们不妨多问几个人，假如许多人都是口头称赞，而微反应却表示不怎么样，那可以考虑换个发型。

对一些当面称赞你，背后却诋毁你的人，假如我们仔细留意，也会发现这些人在说话时的一些言不由衷的神情以及表示排斥的动作。口头语言是一个人通过逻辑思维后才说出来的，他已经在它上面加上了一系列的歪曲，只是为了达到一些目的，而并不是内心真实的反映。而微反应则是自发的、难以控制的，它所透露出来的才是一个人最真实的内心想法。

微反应会撒谎吗？有人觉得假如经过长时间的训练，一个人是可以控制自己的身体的，就好像口头语言受制于我们的想法一样。其实，这是极其困难的，人的微反应太过复杂，所包含的细节太多，尽管你刻意地控制了其中一个动作，却会在另外一个微反应上露出破绽。

挖掘微反应背后所隐藏的潜意识信息

弗洛伊德指出："潜意识是潜藏在我们一般意识下的一股神秘力量，是相对于'意识'的一种思想。"其实，每个人的体内都隐藏着一股神秘的力量，那就是潜意识。令人奇怪的是，许多人并不知道，或者说并不了解自己的潜意识思想。不过，作为旁观者，我们倒可以通过其在日常生活中表现出来的体态举止来洞悉对方的潜意识，从而达到摸清对方真实心理的目的。在日常交际中，大部分人在作出某些行为举止的时候，会下意识地想掩盖自己内心的真实想法，或者假意做出相反的举止来迷惑他人，但他的某些姿势还是可以泄露出潜在的思想。所谓"江山易改，本性难移”，一个人的性情，无论他如何掩饰都会在行为举止上一览无遗，这时我们可以观察对方的微反应表现来洞悉对方的真实心理。

在日常生活中，人们的微反应还有很多，下面我们说到的一些反应，可能你经常会见到，但你未必知道它们背后隐藏的真实想法。

1.手不停地抚摸下巴

在与你交谈的时候，如果对方用手不停地抚摸下巴，那表示他已经陷入了沉思中，连你说什么，他都没听见。如果你对此表示怀疑的话，你可以试着问他你刚刚在说什么，他一定回答不出来。

他总喜欢想东想西，但从来不会想到去算计别人，只是在某些时候会陷入思考的迷宫中。同时，他会是一个比较敏感的人，如果你想告诉他什么事情，需要避免暗示，直接告诉他，省得他胡思乱想。

2.叉腰姿势

在与人相处的时候，对方的姿势已经泄露了他对你的潜在态度。有的人潜意识里想给人留下这样的印象：身体强壮、沉着稳定，对别人的威胁不放在心上。为此，他们常常会做出叉腰的姿势。

3.拇指托着下巴，其余的手指遮着鼻子或嘴巴

这样的人很有主见，你在说话的时候，他总是用拇指托着下巴，其余的手指遮着鼻子或嘴巴，那表示他潜意识里根本不同意你的观点，只是不好意思说出来。他之所以做出这样的动作，就是潜意识里怕一不小心会说出来。

当然，用手遮住嘴巴或鼻子，在心理上可能有两种情况：一是想反

驳你；二是指你在说谎。当你与他进行对话时，如果是他说话时遮住嘴巴或鼻子，那表示他“言不由衷”；如果是听你说话时有了这样的动作，那就是不同意你的观点。

4.手掌向前推出

这样的动作经常性地出现在政治家身上，他们为了生存，需要对他人的攻击保持时刻的警惕。如果你仔细观察一下那些政治家的演讲，会注意到他们在感到不安全的时候，常常会作出一些防御的手势。比如，将手横过身体，或者手掌向前推出，仿佛他们在躲避想象中的击打一样。

在日常生活中，一个看似很普通的反应却包含着丰富的信息，其举止形态背后的潜意识才是我们所需要摸清的底牌。莎士比亚在《哈姆雷特》中说道：“一个人表面上笑眯眯，其实心怀叵测。”一个采取防卫、对抗姿态而又面带微笑的人，他或许是想以假笑来麻痹你，同时还在算计着如何拆你的台。大量事实证明，一些反应并不像想象中所表示的那样，就好像一个人对着你微笑，但其实他心里对你充满了怨恨。当然，如果我们不仔细观察，肯定不会洞察到对方的真实心理。

反面刺激，暴露他人的内心世界

当一个人遭受言语刺激之后，其心理活动变化是异常复杂的，与此相应地，他的表情也会出现一些变化。在这里，我们所说的言语刺激，其实就是感情色彩偏强的语言，通俗地说，也就是能给当事人心理造成某种悸动的语言，有可能是怒骂，有可能是轻蔑，有可能讥笑，有可能是斥责……这些语言所能勾起的是当事人痛苦、悲伤、愤怒的情绪，在这些言语刺激下，一个人内心的情绪变化是复杂的，其面部表情则是非常细微的，甚至让人难以察觉。

公园里，两个人面对面站着，个子稍微高一点的人说话了：“你觉得这样能对得起去世的妈妈吗？你忘记了她老人家去世之前是怎么跟你说的吗？你怎么总是这样，不听我的话，我托人给你找的工作，你也不去，我不知道你到底是怎么想的！”矮个子低着头，轻声说：“我只是想通过自己去努力。”高个子摇摇头，不屑地说：“凭你自己？凭你自己哪年哪月才能成功啊，我是你哥哥，我帮你难道错了吗？上次我让王经理给你安排工作，人家大老远来找你，结果你呢，爱理不理，最后竟然不客气地将别人赶走了。你什么意思？你知不知道王经理是我一个重要的客户？你这样做，我哪还有脸面见我的客户？还有上一次，你们公司竞选干部，我跟你们公司总经理是好朋友，自然会帮你一把，结果你却当着同事的面拒绝了升职的机会，你让我这个当哥哥的怎么帮你？”

听了这样的话，矮个子只是沉默，但他眼睛里闪现着一团怒火，他握紧了双手，抬起头回答说：“哥哥，我希望凭借自己的能力去做这些事情，这些都是我的事情，我不希望你插手我的事情。”高个子冷笑一声：“你？你有什么本事？如果你有本事，你现在还会是一个小职员吗？”矮个子再也忍不住了，他再一次抬起头，与高个子对视：“对，我是没本事，我唯一有本事的就是有了你这个哥哥。你能干，你比我有出息，甚至妈妈临死之前也让你照顾我，但是我也是一个男人，我再没本事，我也懂得什么事情都靠你才是我的羞辱。我宁愿当个普通职员，也不希望凭借你这个有头有脸的哥哥成功。”说完，矮个子挺直了背，转身就走了。

生活中，我们都会有这样的经历，当我们遭受到难以承受的打击之后，即便自己内心异常激动，在表情上也不会显露分毫。当然，这样的情况是存在的。但同时也有这样的情况，本来我们都会有意识地掩盖自己的情绪，一旦遭遇到重大打击，就好像一瞬间被雷击中一样，大脑瞬间空白，甚至会忘记了自己原本想要掩盖真实情绪的习惯性动作。在这瞬间，我们是毫无防备的，就会容易显露出真实的情绪，这时候心理活动与表情反应差不多是一致的。

很多时候，当我们遭到言语刺激的时候，很容易就会忘记掩盖原本情绪的行为，而下意识地暴露出自己最真实的情绪以及表情。就好像案例中的那个矮个子，一直以来，他对于哥哥自以为是地给的帮助很是反感，但碍于他是自己的哥哥，始终不好发作。当哥哥一再轻蔑地说自己没本事之后，他内心的情绪突然爆发了，霎时间，他的情绪和表情达到了统一，将内心积压很久的愤怒发泄出来了。这就是言语刺激下的情绪和表情反应。

捕捉细节，透过微反应判断言语真实性

在美剧《别对我撒谎》中，主人公卡尔用令人意想不到的方法轻松破案。在一个小故事中，卡尔没有逼供，没有取证，只是和爆炸案嫌疑人聊了一会儿，捕捉到了对方耸肩、吸鼻子等几个转瞬即逝的表情、动作，便以此作为线索找出了爆炸物的安置点，这样的判断力无疑让人目瞪口呆。

或许，有人会疑惑：他凭什么线索破案呢？其实，答案很简单：微反应。虽然表情是可以伪装的，但一闪即逝的微反应是异常真实的。善于识别人心的人，往往善于利用脸部细微表情动作分析被观察者的肢体语言和微反应，依据这些判断对方言语背后的真正意思，然后判断对方是否在撒谎。

那么在生活中，如何才能捕捉到细微反应呢？

1.察言观色

你可以通过察言观色来判断对方说的话是否是真的，有可能是一个细微的动作，有可能是一个眼神，有可能是一个笑容。那些在他脸上、身上表现出来的表情或动作，都在随时地告诉我们他内心究竟在想什么。

2.观察对方反应是否前后一致

微反应是一种非常快速的动作，持续时间仅仅为1/25秒至1/5秒，正因为这样，大多数人往往不容易察觉到它的存在。但是，如果我们观察够仔细，还是能够从反应的变化之间搜索到一些细微的差别。比如，

当一个人在咬紧双唇、沉默的时候，如果你仔细观察，会发现他紧握拳头，这表示他内心是极其愤怒的，在强行隐忍。如果在这时，他说："我没生气。"其实，这句话是假的。

心理学家认为，在与人交往中，有90%的非语言信息来自面部，眼、眉、嘴、面部肌肉的细微变化，都会传递出不同的信息。在这其中，眼睛集中了面部表情的大部分信息，从眼神中有时可以判断出一个人是坦诚还是心虚，是诚恳还是伪善；而眼睛的瞳孔扩大，表示其内心的兴奋，瞳孔缩小，则表示内心十分厌恶。

树立防备心，小心自己通过微反应露出破绽

心理学家列出一些人类的经典反应，比如，当被中意的人接受的那一瞬间，心头鹿撞；而一旦遭遇爱情的欺骗和背叛，又会让你握紧拳头；面对不屑之人，会微微扬起下巴；诚心诚意接受批评和教诲时则会不由自主地低下头；突然看见好久不曾见面的好朋友，嘴巴和眼睛同时张大，然后欢呼雀跃；假如在晚上看见闪过的黑影，嘴巴张大，惊声尖叫，拔腿狂奔；被老板抓住偷懒的行为，手足无措；侥幸逃过的话，则会吐吐舌头，拍拍胸口，等等，简直是不胜枚举。不过，这些反应对于每个人而言，曾经出现过多少呢？上面这些反应全部都是你自己想要做的吗？当然，这些行为并不是我们想做的，而是在无意识中做出来的。

比如，孩子从出生的那天开始，就会张开嘴吸吮，在母亲的乳房上

寻找甘甜的乳汁。当孩子到了不到两岁的时候，假如被别的小朋友抢走了玩具，就会快速跺着双脚，高声喊：“给我！”可能这话是父母教的，主要是担心孩子上了幼儿园之后被小朋友欺负，不过这跺脚的动作则没有人教过他。一个人随着对知识的接受和储备，慢慢地学会了记忆、分析和评价。随着对社会生活的学习，我们掌握了越来越多的高级本领，如遵守规定、举止得体，不过不管怎么样，许多反应还是固化在我们的身体中，有些是本能反应，有些是习惯反应。

1.真实的反应是由刺激源引起的

心理学家认为，当一个人遇到恐惧的事情，就会出现这样一些反应：屏住呼吸，心跳加速，冷汗也会不自觉地冒出来，脸色发白。假如刺激源足够强烈的话，还会令人有想吐的感觉，脸上肌肉会不由自主地颤动，尽可能地想远离引起内心恐惧的事物。假如不能动，至少也会将身体向后仰或者转向另外一个方向，或者说抱起身边的东西，挡住那引起恐惧的事物，这样会在主观上觉得自己是安全的。

当我们遇到开心的事情，就会出现这样一些反应：呼吸变得自由而有力，心跳加速，毫无意识地眉开眼笑。假如开心的程度很大，还会将双手高高举起，挺拔着身体，或许还会跳起来欢呼，顿时感到浑身舒畅。假如条件允许的话，我们还会飞快地冲过去拥抱自己喜欢的东西或人。

2.想要控制反而会露出破绽

这些因刺激源导致的行为是很有意思的，或许我们会问：一定会这样吗？所有的人都会这样吗？假如故意控制，这些行为是不是不会出现？其实，你可以简单地试一试，你会发现假如你故意去做的话，这些行为是可以控制的，不过同时也会感觉到吃力，控制这些真实的反应是一种复杂而痛苦的过程。

假如你一定要控制这些真实的行为，那首先要做到不意外，似乎预先就知道会出现某种刺激，然后决定要控制住自己；接着是感觉不在意，不论刺激源怎么样，都需要接受这样的刺激，快速分析这种刺激的性质和力度；再次是做到不反应，通过感知和思考，把自己可以找到的可能的身体反应制止住；最后是再反复检查一遍，自己是不是有没控制的地方，从而补充完善。

假如你觉得自己已经完全控制了，那恭喜你。不过，你需要知道的是：身边的人从你僵硬的身体和呆板的表情来判断，会觉得你很不正常，应该是隐藏了某些想不让别人知道的事情。他们会产生疑问：遇到这样高兴或恐惧的事情，你怎么一点反应都没有呢？没有反应就是最大的破绽，而破绽的存在就是洞察你内心的钥匙。

3.尽量学会控制自己的身体

尽管我们不能完全避免出现破绽，不过我们依旧可以努力。一方面是尽可能学会控制自己的身体，减少不必要的破绽；另一方面是尽量多地了解这些破绽，减少被他人欺骗的情形发生。

尽量控制自己的身体，包含着两层含义，一是肌肉的运动控制能力，让运动可以保持精准而熟练。从这个角度来看，那些舞蹈演员，特别是古典舞蹈演员，以及运动员，诸如武术、体操等讲求精致的运动项目的运动员，具备较好的肢体控制能力。能做到真正控制自己身体的人，还是很少的，如经历丰富、积淀深厚、有较强自信心的政客或演技精湛的演员。比如，俄国戏剧大师斯坦尼斯拉夫斯基的“斯氏体系”，主张角色体验，忘却自我，使演员与角色合一。

心理学家认为，虽然你已经成为了隐藏自我的高手，也逃不出动物求生的本能规则。只要存在有效刺激源，你就可能露出破绽。所以，假如我们可以准确地发现他人的破绽，那就可以顺势了解其内心的真实想法。

第 02 章

眼部微反应：从这小扇窗户看到你的心思

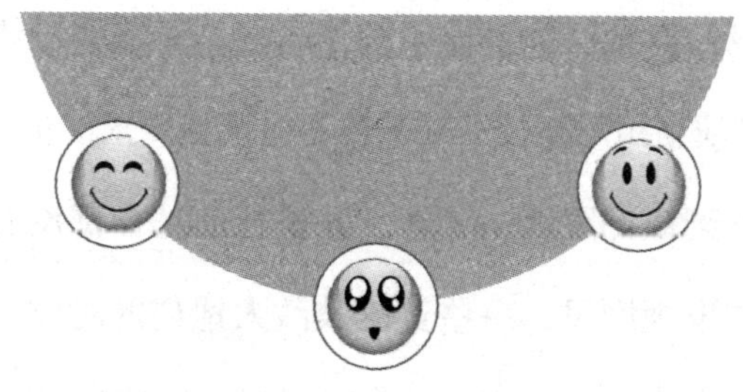

人们常说，眼为心神，眼睛是心灵的窗口，更是影射内心的一面镜子，无论一个人心里正在打什么主意，他的眼神都会立刻忠实地告诉别人，他在想的是什么。因此，在我们与他人的交流过程中，我们完全可以通过对方眼部的微反应来窥探他的心理活动，也就是说，通过眼睛这扇小窗户，我们往往能听见“千言万语”！

瞳孔的放大和收缩分别表明什么

有时候，我们对自己的身体了解得越多，对这些身体特征的利用也就越多。著名导演斯坦尼斯拉夫斯基晚年时甚至要求演员在表演时把自己的动作姿势降低到最低限度，要求“几乎任何动作都没有，只有眼睛在动”。比如，在电视剧里，一些英雄被敌人逮捕的时候，那双瞪大的眼睛，就是对敌人的一种无声鄙视；反之，假如经过了许多磨难之后再次回到队伍中，那种温柔的眼神又是另外一种含义，这时眼睛也会缩小很多。

虽然，瞳孔变化属于微反应行为，但它所传递出来的信息是难以用意志来控制的。通常而言，瞳孔放大传达正面信息，缩小则传达了一些负面信息。比如，表示爱、喜欢或兴奋，瞳孔就会扩大；表示消极、戒备与愤怒，瞳孔就会缩小。听说老一辈革命家陈毅当元帅的时候，喜欢戴墨镜，那是因为他眼中容不得一点沙，只要一生气，那眼神就十分吓人，不过这是外交工作应该注意的，所以他喜欢戴墨镜。

在生活中，比如，商场里的服务员走上前向我们推销，当他们按照观察推荐了我们喜欢的一款商品时，我们的眼睛就会不自觉地放光，这就是瞳孔的变化。当然，眼睛的这些细微的变化假如没有长时间细致入

微的观察积累是没办法捕捉到的。因此，在生活中我们需要做一个有心人，从细微处观察对方瞳孔的变化，以此判断对方处于什么样的情绪。

1.瞳孔扩大

正常情况下，瞳孔是既不会扩大也不会缩小的，除非外界传递过来异常激烈的刺激源，才会给我们的瞳孔带来影响。比如，我们在非常高兴时，瞳孔会扩大；在极度兴奋的时候，瞳孔也会扩大；在极度恐惧的时候，瞳孔也会先扩大，似乎想看清楚那东西到底是什么，然后才会因恐惧而收缩。

2.瞳孔收缩

当刺激源是不利的，而给我们心情带来消极影响的时候，瞳孔就会在不知觉间收缩，那是一种本能的反应，希望通过收缩瞳孔来使自己逃避某些对自己不利的事情。比如，我们在生气的时候，瞳孔会收缩；当我们讨厌一个人的时候，瞳孔也会不自主地收缩；当我们的情绪变得糟糕的时候，瞳孔也会收缩。

眼睛瞳孔的变化会表露一些真实的情绪，假如你仔细观察就可以发现：一个人感到愉快、欣赏、兴奋时，他的瞳孔就会扩大到平时的4~5倍；反之，假如一个人生气、讨厌、心情消极的时候，他的瞳孔就会收缩得很小。假如瞳孔没有什么很大的变化，那表示他对所看到的东西都漠不关心或者感到无聊。其实，不仅是人们的瞳孔有这样的功能，即便是猫的瞳孔也会有这样的功能，其变化的大小和情绪有着很大的关系。所以，在生活中，我们要善于观察对方瞳孔的变化，并从中发现对方的心绪。

对方视线变化，表现出什么微妙心理

在沟通中，双方是面对面地谈话，那么不可避免地，彼此都会有视线的交流与接触。相信在语言交流中，应该没有那种面对面谈话，却完全不看对方眼睛的人。当然，若是一直看着对方的眼睛说话，这也是不太正常的。一般而言，在西方，人们会一直盯着对方的眼睛说话。但对于一向传统内敛的中国人来说，大多数人会在交谈的时候，时而四目相对，时而转移视线。在交谈过程中，双方都会去注意配合对方的气息，许多人都是下意识的动作，两个人的视线会相碰，偶尔也会躲闪。比如，当对方所说的话令自己很想要表达观点与意见的时候，我们便会直视对方的眼睛。对于他人所说的话，不管我们是同意还是反对，只要觉得很有必要将信息传达给对方，那么一般都是通过视线来传达。如此看来，在沟通过程中，对方的视线其实隐藏其道不出的微妙心理。

谈判桌上，双方谈判已经进入最后阶段，而问题却始终围绕着交货的时间点在讨论。李小姐直视着对手的眼睛，说道："由于我们公司目前的状况，贵方必须在第四季度全部交货，这样才能保证我们公司的正常营运。"对手的视线马上移开了，似乎正在思考该怎么来回应这个问题，不一会儿，他抬头看了李小姐一眼，马上又移开了视线，说道："李小姐，我知道你们公司的状况，可是，在第四季度交货，确实有些困难。"说完，视线由下而上，与李小姐视线交汇，继续说："我希望李小姐能够再宽限一些日子，这样的话，我们会加班加点，如期交货。"

李小姐感觉到对手想拖延交货的日期，但又不想失去这笔业务。了解了对手如此微妙的心理之后，李小姐直视谈判对手，作了最后的警告："从情况来看，你们在第四季度中交货确实存在一些困难，但如果你们不能交货，我们工厂的部分车间就会停工待料，造成生产上的损失。这样，我们不得不放弃与你们交易的打算。"对手低下了头，一会儿，迎头接上了李小姐视线，咬牙说："好，在第四季度，我们会如期交货。"

在几番的视线躲闪与接触中，李小姐识破了对手的微妙心理：很想拖延交货的日期，同时，又不想失去这一笔交易。而后者才是谈判的重点，于是，李小姐毫不妥协，坚持第四季度交货。果然，两次催促下来，对手不得不答应了李小姐提出的要求。

1.完全避开的视线

有的人在说话时会将自己的视线完全避开，眼睛不敢直视对方。这样的人，大多心中有鬼，有可能在他过去的谈判经历中出现了一些事情，使得他不敢面对比自己更正派的人。但是，偶尔他也会主动迎上对方的视线，这表明其内心正在作挣扎，心中隐藏着一些东西，却又很想证明自己问心无愧。

2.直盯着对方的眼睛

心理学家认为，有的人在说话时直盯着对方的眼睛，不躲，也不避，这样的人有着较强的自信心，可以说他是有些任意妄为。他希望自己的表现能给人留下很自信的印象，实际上，他们对自己并不那么自信。当然，如果两个人总是直视对方，那么谈话的气氛很容易陷入难堪境地。因此，他们大多会在视线接触后不久就转移自己的视线。

3.紧迫逼人的视线

有的人在看着对方眼睛时并不是温和的，而是紧迫逼人的。这样的人内心有些自卑，总感觉自己比别人差了那么一点点。但是，他们自己并没有意识到这样的心理，他们总是强烈地认为自己是正确的，在表达自己观点的时候，他们会紧迫逼人地看着对方的眼睛，好像在说："我说的是正确的吧！"而如此的视线会令身边的人闭上自己的嘴巴，同时，还会感受到那威逼的力量。

心理学家告诉朋友们：视线就是跳动的眼神，眼神流转，其实就是视线在动。在谈判中，我们经常会见到对手直视的视线以及完全避开的视线。对此，完全可以根据对方的视线而来揣测对方的真实心理，从而达到谈判的最终目的。

眼神闪烁不定，往往有所隐藏

在生活中，我们经常会发现身边时常有这样一些人，他们总是四处张望，眼神就像流水般游移不定。当我们在与他交谈的时候，他的眼神闪烁不定，不直接与我们的眼神接触，而是四处张望。可能我们不能从他的言辞和面部表情中发现什么，但是他那闪烁不定的眼神直接给我们带来一种奇怪的感觉。实际上，这样这种闪烁不定的眼神，往往是在隐藏一些信息。这种眼神的背后，一般都在进行算计，是心中打起了小算

盘的表现。而拥有这样眼神的人，他们往往是工于心计、城府较深的人。

心理学家认为，有的人在说话时，眼神总是闪烁不定，其实这就表现出其精神的不稳定。据一些法律资料显示，犯罪者在坦承罪状之前一般都会有这样的状态。他们眼神四处游移，目光闪烁不定，总是回避询问者的视线，这大概是由于心中藏有某事或有所愧疚所导致的。一般来说，人们游移的眼神传达的信息大致有两种：一种是聪明但不行正道，一种是心藏奸恶又怕别人窥探。前一种眼神大多是品德欠高尚、行为欠端正的表现，后一种眼神则大多是内藏奸诈、深藏不露的表现。

那些眼神总是闪烁不定的人往往是隐藏了一些信息，那么到底在他们的眼神背后隐藏了什么样的秘密呢？心理学家将为我们一一解开这其中的秘密：

1.担心自己内心的想法被人看穿

有的人在说话的时候，总是目光漂移，眼神闪烁，其中的原因可能是内心有些想法不想被人看穿。有可能他们正处在困难的境地或者是心里有什么隐秘的事情不想让你知道，所以他们害怕和你眼神相交的时候，你会发现他们心中的那些秘密。

2.可能正在打什么坏主意，或正想欺骗你

心理学家分析，有的人习惯用飘忽不定的眼神来掩饰自己内心的奸恶，他们在与你交谈的时候，可能正在打什么坏主意，也可能正想欺骗你。这一类型的人大多工于心计，他眼神闪烁不定，就是在心里悄悄算计，打着小算盘。如果你在这时候，细心地去注意他的措辞，你就会发现他说话会前后矛盾，闪烁其词，东拉西扯。与这样的人打交道，就要格外细心，小心上当受骗。

3.内心自卑的表现

有的人在交谈的时候，眼神不敢与对方直接接触，他们一会儿看看自己的鞋子，一会儿看看天花板，一会儿看看窗外，眼神闪烁不定。心理学家认为，他们有这样的表现，可能是因为内心自卑，他们害怕自己与他人目光直接接触，害怕被他人看不起。于是，他们用四处游离的目光来掩盖自己内心的自卑情绪，这样的人大多十分内向，不喜欢自我表现，但是他们的心里倒是没有什么坏主意，只是有些自卑心理。

4.代表着其他含义

当然，如果他是与你关系比较亲密的异性，那么他游移的眼神可能还代表着其他含义，或许是他在犹豫，也或许是他心中慌张。这个时候，你不妨制造一点小幽默，或者自我解嘲一番，以缓解两人之间的谈话气氛，让双方心理上都放松，这样更有利于感情的交流。

在此，提醒各位朋友，当我们跟某个人说话时，看到他目光游移，眼神闪烁不定，就须提防一下了。对方眼神闪烁不定是因为他内心正担忧某件事，而又无法真正坦白地说出来，很可能他心里隐瞒了什么事情，也可能他正打什么坏主意，也可以理解为对方心里有自卑感，或正想欺骗你。跟这样的人打交道，我们需要特别小心，以免上当。

总而言之，那些眼神闪烁不定的人大多都是心里隐藏一些秘密的人。我们在日常生活中，要学会仔细观察，透过对方的表面现象辨清真伪，因为有可能他就是一个小人。

斜视对方，会引起对方的厌恶或担忧

一般而言，斜视的含义是较为丰富的，可能是表示感兴趣，或许是表示不确定，甚至表示有敌意。假如当事人在目光投向侧方的同时，眉毛微微上扬或面带笑容，那就是感兴趣的表现，热恋中的女人常常会将这样的行为作为求爱的信号。当然，假如他在目光斜视的同时，还有压低的眉毛、紧皱的眉头或下拉的嘴角，那就表示他持有怀疑、敌意或者批判的态度，这会令对方感到担忧或憎恶。

在茶吧里，乐乐正在讲述自己引以为豪的欧美之旅，但坐在其身边的那个朋友始终以一种斜视的目光看着她，双眉压低、紧皱眉头、嘴角下拉，以一副不相信的表情看着乐乐。乐乐刚开始没觉得这样的眼神带给自己影响，但很快，乐乐就觉得浑身不自在，说不清楚这种缺乏安定的感觉是从哪里来。

乐乐继续说着："那天，我们到了洛杉矶，那确实是一个美丽的地方……"说着说着，乐乐自己似乎也忘记说到哪里了："呃……我说到哪里了？"还是另外一位朋友的提醒，乐乐才想到自己说到哪里了。而这时，乐乐再次看到那位朋友斜视的目光，突然从心里产生一阵不快、厌恶的感觉：难道不相信我说的是真的吗？偏偏要以这种审视的目光来看我！乐乐越想越生气，下定决心不再跟这位朋友保持密切的关系了。

一个人视线的角度可以提供很多有效的信息，视线角度，可以准确表现他所处的不同心理状态，我们对于我们的朋友、同事以及许多同辈人，都会以平常心待之，与他们沟通时，视线是平行的，那眼睛自然是相对互视的，这就是所谓的“正视”，意味着“我们是平等的，谁也不比谁差，谁也不比谁强”。

一个人假如关心和欲求加深，就会不敢正视，改成斜视对方，这表示对对方有兴趣，但不想被对方识破，一方面想了解对方，一方面又想隐瞒自己的内心。不过，就其他人而言，斜视会造成他们的担忧，甚至让他们产生厌恶的感觉，就好像自己被人审判一样。

在日常交际中，为了让沟通顺利进行，我们应该尽量正视对方，而不是斜视。斜视会给对方一种审判的感觉，似乎对其所说的话表示怀疑、猜疑。虽然，单就目光而言，斜视是一个很好的关注对方的视角，既不明显，又可以把对方脸部的细微表情尽收眼底。在生活中，一些有经验的销售人员会用这样的视线来与对方交流。但如果仅仅是日常生活中的交流，我们就尽量要避免用斜视的目光，否则只会让对方心中产生不悦，从而影响沟通的顺利进行。

小心你的眼神，别被它出卖了

众所周知，眼神所透露出来的东西是最真实的，在日常交流中，目光的互相接触有时可以控制谈话的局面。举个例子，当有人说“他用十分轻蔑的眼神看着我”，就显示出交谈对象高高在上的态度。而当我们说“在你说话时请正视我的眼睛”，那就表示我们怀疑对方在撒谎。通常情况下，交流是面对面进行的，这时我们的目光大部分时间会停留在

对方的脸上，因此，眼神中所传递出来的信息，是可以帮助我们解读其内心隐藏的真实心理的。基于眼神带来的这种影响，当人们第一次见面的时候，人会在很短的时间里形成对新朋友的第一印象。换句话说，有时候，眼神可能出卖你的“灵魂”。

在生活中，形容眼神的词句是十分丰富的，比如，“怒目而视”“她的眼睛闪闪发亮”“他的眼睛贼溜溜的”“她的眼神恨不得杀了那个男人”“她的眼神十分恶毒”，等等。我们在描述对方眼神的时候，会用到一些形容词。而反观这些形容词的描述，表示我们是按照对方瞳孔的大小以及观察物体的方式，得出这些信息的。在我们所有的肢体语言中，眼神所传递的信息是最真实、最有价值、最准确的，因为它是传达身体感受的焦点。

眼神交流，探究其隐藏的真实心理

在人际交往中，眼神交流是相当重要的。因为从眼神的交流中，可以看出两人的心态、关系，甚至是微妙心理的变化。比如，看视线是否交流，是否将目光投向对方；看视线注视的时间，是盯住一处不放还是匆匆一瞥；看视线的角度和方向，是迎面还是斜视，是由下而上还是由上而下；看视线的集中度，是凝神还是茫然。当然，通常情况下，直视与长时间的凝视是对私人占有空间的侵犯，这都是不礼貌的。转移视线，回避对方的视线，是不愿意被对方看到自己的心理活动；张大眼睛

则是对对方所谈论的话题十分感兴趣。

1.眼神接触

心理学家认为，对方如果投来了关注的目光，那表示对你有兴趣，想亲近你或关心你。如果对方完全不看你，那就是“完全不把你放在眼里”，这样的原因比较多：或许是不想关注你，或许是看不起你的行为，或许是心里有鬼，对你怀有愧疚，或许很在意你，但心里感到羞怯。

当然，具体是什么样的情况，还需要根据实际情况而定。两个陌生人，偶尔视线相遇，通常会快速转移视线，自然地避开对方的视线，因为被对方注视太久，会觉得心理被看穿了，有一种被侵犯的感觉。

2.视线转移

心理学家告诉大家，有时候，人们会主动移开视线，这是一种强势的表现；有时则会被动移开视线，也就是逃避他人的视线。在沟通过程中，假如自认为站在高于对方的地位，那个人就会先移开视线，这样做会让对方处于被动的位置。当两个陌生人见面时，快速移开视线的人，比较具有攻击性。在交谈过程中，回避对方的视线，不愿意接受对方的视线，不愿意和他人进行对视，那表示着当事人心里有些想法。

3.长时间盯住一个人

通常情况下，一个人说得越多，看对方的时间就越少；听得越多，看对方的时间也就越长。人们认为，在交谈中一直不移开视线，始终注视说话人的眼睛是一个诚实的行为，但这会给说话者带来极大的不安。所以，要想看清对方的意图，必须观察他说话说到哪里，与其进行视线交流。开始说话的时候，一定先把眼光从对方那里移开，这是一种避免

注意力分散的方法。在开始说话时，视线交流的目的是通知对方要开始说话了，可以引起对方的注意；说话结束时抬起视线，意在想知道对方到底了解了没，并推断出对方的心理动态。

心理学家认为，在日常交际中，我们经常会处于沟通的场合，这时就需要注意眼神的交流与转移。通常情况下，正常的眼神交流是时而交接，时而移开，因为在交际场合中，长时间地盯着一个人是一种不礼貌的行为，除非你的对象是艺术品、雕塑、风景、动物等。当你在看这些东西的时候，那就随心所欲地凝视，想看多久就多久，要看多仔细就多仔细。但如果我们所面对的是人，那就需要表现出应有的礼节和尊重。

第03章

眉宇间微反应：透析藏在眉间的秘密

我们都知道，在人的脸部，眉毛与眼睛离得最近、关系最密切，因而，我们在分析脸部微反应的时候，就不得不提到眉毛。在生活中，眉毛的表情达意功能非常强大，如果注意观察，就能透过眉毛传递的信息洞察别人的内心世界。

眉毛有哪些微反应

人的所有面部器官，都有其存在的意义，我们不能想当然地以为眉毛只有装饰作用。眉毛被流传得最广的作用，是防止汗液、雨水等刺激源在重力的作用下直接侵害眼睛。假如我们有机会仔细观察眉毛，就能够发现每根发毛的走向，都是向上或者呈水平方向向两侧生长的，这样的走向能够有效地引导小滴液体避开眉毛下方的眼睛，从两侧流下。其实，眉毛除了本身所具备的原始功能以外，对我们而言，还有另外一种重要的作用，那就是表达“心意”。

眉毛的表情，主要是额肌收缩造成的上扬，皱眉肌主导收缩造成的皱眉，由眼轮匝肌和降眉间肌共同收缩造成的下压，等等，不同的眉毛表情，展现了不同的心理。

1.眉毛的正常状态

就绝大多数人而言，眉毛的正常形态是两道弧心向下的弧，但个体差异比较大，这还需要进行基线测试，也就是眉头与眉梢的连线。

2.眉毛下压

眉毛下压，也就是眉毛整体向下移动。因为眼轮匝肌的收缩运动，

上眼睑也由此受到眉毛下降的压迫而向下闭合，遮住部分眼球，下眼睑呈现绷紧状态，眼睑整体呈现半闭合状态。假如是眉毛整体下压，那就表示这个人感受到了压力，下压和眼睑紧绷的程度越大，意味着压力也就越大，关注程度也就越高，比如，意外、不解、困惑、烦躁、厌恶等情绪。

3.眉毛抬高

通常情况下，不管是眉头的抬高还是眉梢的降低，都不会很明显，更多的时候，这是一种相对位置的改变。比如，一个人在悲伤时，眉头可能皱在一起，也可能分开，紧皱在一起，表示还在集中精神悲伤，不过理智还存在；而眉头分开，可能是完全失神的悲伤特征。

4.皱眉

眉头向面孔中线皱起、下压，眉梢向面孔两侧的斜上方挑起，也就是眉头皱起，眉梢高挑。这样的眉毛表情是由两种神经系统状态复合而成：一是关注，二是准备进攻。这样的关注是十分强烈的关注，为进攻收集信息；进攻时，能量外泄，面孔上的器官，在充沛能量的支撑下做出扩张动作，高挑双眉，睁大双眼，张开嘴大声吼叫，甚至鼻孔也会张大，并配合了剧烈的呼吸，这表示此人处于十分愤怒的情绪之中。

5.眉毛高抬

出现这样表情的情形有两个：一是惊讶，二是对自己所说的话很有自信，甚至认为得到了听者的认可，类似于“你懂的”。不过，这两种情形下，上眼睑的配合是有区别的，惊讶时，双眉上眼睑提升程度较大；而自信时，眼睑仅仅是轻微提升。

虽然，眉毛只是面部器官中很小的一部分，有人的眉毛甚至不是特别明显，但作用十分大。眉毛的一动一静，都可以在无形中透露自己的心境。假如不想让别人太看透自己，那么就得让自己的心态更成熟一些，最好是能处变不惊，不要让眉头泄露自己内心的秘密。不过反过来，我们可以根据别人眉头的微表情来判断对方处于何种情绪。

眉头舒展时表达出的情绪

与紧锁的眉头相反，有时候我们的眉头处于舒展的状态，也就是当我们的精神处于愉悦状态，没有受到负面刺激，看到了自己十分关注的事物，眼睑正常睁开时的眉毛形态。对于大部分人而言，舒展的眉毛是平行的两道弧，当然，鉴于人的个体样本差异非常巨大，考虑到年龄、种族、性别、是否修饰过以及个人习惯和肌肉常态等因素，每个人舒展的眉头看上去不太一样，但整体给人的感觉是精神愉悦的。

眉毛也是可以表达出当事人的情绪的，下面我们对几种“眉毛形态”所表达的情绪一一分析。

1.扬眉

扬眉分为两种形态：双眉上扬和单眉上扬。生活中，当一个人的某种冤仇得到伸张的时候，经常会扬眉吐气。双眉上扬，是一个人在极度欢喜或极度惊讶的情况下才会有的眉毛动作，在这样的情形下，对方的心情起伏一定很大。假如你想告诉对方什么事情，最好等他情绪平复之后再说。单眉上扬，则表示不理解、有疑问，这表示当事人正在思考问题。

2.耸眉

耸眉，也就是眉毛先扬起，停留半刻之后下降的这个动作。通常情况下，还伴随着嘴角快速地往下一撇，而自己的面部表情却没有特别的变化。这表示的是一种不愉快的惊奇或无可奈何。此外，当一个人在强调自己观点的时候，也会出现这样的动作，意为需要你同意其观点。

3.倒竖眉

倒竖眉，也就是眉毛倒竖，眉角下拉，说明当事人极度愤怒或异常气恼，也许是被人戏耍了，也许是被人背叛了。

4.锁眉

锁眉，指的是紧锁眉头，一副苦大仇深的样子，内心极度忧郁或正处于矛盾中，这时非常需要有人安慰。

5.闪眉

闪眉，也就是眉毛闪动，眉毛先是上扬，继而在瞬间下降，这是一种友好的情绪。当两位相恋的人相见，往往会出现这样的动作，而且经常会伴随着扬头微笑或者拥抱。假如是在说话时出现这样的动作，那就是为了加强语气，表示："你最好记住我所说的每一个字。"

眉毛可以呈现一个人内心最真实的情绪。比如，当一个人紧皱眉头的时候，我们一定不会说这个人心情很愉快；反之，当一个人舒展眉头的时候，我们绝不可能认为这个人闷闷不乐。在日常生活中，当我们无法确定对方处于何种心情的时候，就可以仔细观察其眉毛的形态，是皱

眉还是闪眉，是耸眉还是眉头舒展，以此逐一推断对方处于什么样的情绪，同时也便于调整我们的交流策略。

眉飞色舞，因为喜悦

各位朋友，不知道你们发现没，当你们的心情发生变化时，眉毛的形状也会跟着发生变化，泄露我们内心的情绪。所谓眉飞色舞，说的就是一副喜悦之情，内心的喜悦，全写在脸上了。

心理学家认为，眉毛的运动，主要是额肌收缩造成的上扬，皱眉肌主导收缩造成的皱眉，等等，一些不同的形态。当一个人神智清醒，没有受到负面刺激的时候，眼睑睁开时眉毛往往是正常形态。就大部分人而言，眉毛的正常形态是两道弧心向下的弧。

1.双眉上扬

心理学家认为，双眉上扬，表示十分欣喜或极度惊讶。眉毛先上扬，继而在几分之一秒的瞬间再下降，这种向上闪动的短捷动作，是对别人的友善的回应，这时通常会伴随着扬头和微笑。

2.眉毛迅速上扬

心理学家表示，眉毛迅速上扬，表示其心情愉快，内心赞同你或对你表示亲切。眉毛完全抬高表示“难以置信”，半抬高则表示大吃一惊，正常状态则表示不作评论。

3.眉梢上扬

在生活中，如果看到对方眉梢上扬，那表示对方是一个喜形于色的人，而此时此刻，他的情绪处于愉悦之中。在这时如果跟对方说一些具体的事情，那势必会成功。

4.眉心舒展

心理学家分析认为，在交谈过程中，如果对方眉心舒展，那表示对方心情坦然、愉快。当然，如果对方眉心紧缩，那表示他正处于忧虑之中，或正处于犹豫不决之中。

在生活中，许多情绪的表情反应，都包括了眉毛和眼睛的组合，比如，不高兴、威胁、忧虑等。这些产生于内心的情绪，都会一一在眉毛上烙下痕迹，比如，在高兴时，眉毛会上扬，眉心舒展，随之出现的表情还有笑容。当一个人呈现出眉飞色舞表情的时候，其内心的喜悦之情尽呈现在了脸上。

藏于眉梢间的忧伤

当一个人在悲伤的时候，如果我们用优美的文字表述，那定是“他的眉眼之间有一抹化不开的忧愁”。在大多数文学作品中，我们都会看到诸如此类的表达。其实，忧伤的痕迹很容易在眉眼中显露出来。

当人们处于悲伤情绪时，由于要睁开眼睛，所以增加了眉毛形态的复杂程度。于是，眉毛在相反作用的肌肉拉扯下，先向下压，继而以眉头为主向上提升，提升的幅度比较大。即便是在悲伤情绪减弱之后，悲伤的情绪仍会使这种复杂的眉毛保持原来的样子。

当内心悲伤的情绪减弱以后，额肌试图与皱眉肌进行反向拉扯，额肌上拉，皱眉肌下拉，额肌只有在眼轮匝肌的作用减弱的时候才会显出其作用来。额肌中束的收缩部分中和了眉毛的下压，向上提升眉头。当然，放松的眉头基本上不会呈现出这种状态，而垂直方向的皱纹还能够显露出皱眉肌收缩的形态。

他一个人走在墓地里，寻找着父亲的墓碑，似乎他的心思并不在寻找墓碑上，因为他的眉头始终下压，双眉之间有一种解不开的忧愁，所以，他找了半天还没找到。

顿了顿神，他才终于想起来自己到墓地的目的是祭奠去世的父亲。他双眉更加下压了，看了看周围，在一个角落中发现了父亲的墓碑。当看到墓碑上父亲的名字，他眉毛忧郁得更严重了，眼眶也有些红了，好像要流出眼泪来。但就在这时，他深深地呼一口气，将即将浸满眼眶的泪水逼了回去。不过，即便他的眼睛很快恢复了正常，其眉头还是那副样子，双眉下压，眉头紧锁。

在生活中，有些人的脸上，由于经常喜欢皱眉，所以显得眉毛比较水平；有的人脸上是额肌比较强势，于是，其眉毛就会呈现出特别的形态。但是，相似的一处在于，每一张忧伤的脸都会显得很纠结，在眉头内侧成扭曲形态，这显示了其内心的纠结。

稍微带点扭曲的眉形是悲伤的典型形态特征之一，或许是由于内心的纠结与对痛苦的抑制，眉形的扭曲状态具有很强的表达感染力。不过，忧伤的眉毛形态不单单出现在痛苦的表情中，还会出现在任何一张忧伤的脸上，甚至还会出现在一张不忧伤的脸上。比如，在寒冷的冬天，恶劣的天气就会让人们脸上出现这样的表情。当然，在这样的情境下，人们眉毛的形态更多地代表了苦难，而不是忧伤。因为人们没办法改变恶劣的天气，寒冷的天气就好像是一种负面情境，所以他们的表情是痛苦的。

一个人眉梢之间隐藏了很多东西，如忧伤、喜悦，随着这些情绪的外泄，人们那极具表情的眉毛就会忍不住上扬或下压，这是人的意识控制不了的，是一种自然的流露。因此，当我们在观察一个人的时候，需要观察其眉梢间的变化，这样才能捕捉到其内心的情绪。

第 04 章

嘴部微反应：每个小动作都是内心的变化

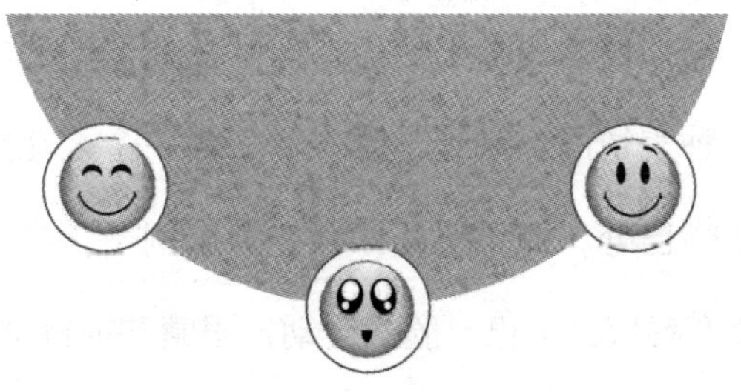

我们都知道，语言是沟通中的重要手段之一，而语言是“嘴”发出的，正因为如此，人们容易忽略嘴也有无声胜有声的时候。事实上，人的嘴巴是比较灵活的，能够做出不同弧度的动作。在人际交往的过程中，如果能够细致地观察对方的嘴巴的动态，就可以洞察对方的内心世界，使交往更加顺利。

是否撒谎，嘴巴也会告诉你

虽然，我们说人们是用嘴巴撒谎，但其实在说谎的那一瞬间，其嘴部是会呈现出一种表情的。心理学家表示，当一个人在撒谎时，他的面部表情会局限在嘴巴处，而不是整张脸。举个例子，当一个人自然微笑时，整张脸都会有反应：下巴、脸颊会动，眼睛和前额会向下等。

心理学家表示，生活中，当一个人有意识说谎的时候，他会有想掩饰自己说谎的心理，在这样的想法下，他会强迫自己呈现出正常的面部表情，试图让别人猜测不到自己在说谎。其实，一个人真实的内心，越是想掩饰，就越有可能从缝隙中露出破绽，即便他面部所显露出来的主要表情并不是撒谎的表情，其嘴部的小动作也会泄露其内心的秘密。所以，在日常交际中，当我们去判断一个人是否在撒谎的时候，可以将焦点放在其嘴部表情上，这样我们就可以从中看出端倪。

周末，扬扬准备打电话约男朋友一起去逛街。但是，等到她打电话给男朋友，他竟说："我约了朋友一起去钓鱼。"扬扬虽然觉得懊恼，但想到他也有自己的爱好，于是就不再作声，一个人跑去逛街了。

在大街上，没想到遇到了男朋友的铁哥们儿张军，扬扬叫住张军：

“耶，你不是和他去钓鱼了吗？怎么还在街上闲逛？”张军面颊上扬，嘴角下垂：“钓鱼？哦，是的，他们先去了，我一会儿就去，你一个人逛街啊？”扬扬回答说：“是啊，打算喊他一起的，但他说自己要跟你们一起去钓鱼。”听了这话，张军咬住下唇，半天才说：“哦，这样啊，那你先逛吧，我得赶过去了。”说完，就挥手告别了。扬扬总感觉张军的表情不对劲，但又说不上来哪里不对，只好摇摇头走开了。

其实，张军根本不是跟扬扬的男朋友一起去钓鱼的，而是在街上买东西，至于扬扬男朋友到底有没有去钓鱼，他也不知道，他只是帮着圆谎。

在这个案例中，心理学家认为，张军明显是撒谎的，我们可以从其嘴部的表情看出一二：“面颊上扬，嘴角下垂”“咬住下唇”，这些都足以说明他在撒谎，虽然他的面部表情极为镇定，但嘴角露出来的秘密泄露了其内心的真实想法。

那么一个人在撒谎时，嘴角会呈现出哪种表情呢？

1.嘴角下垂

当一个人面颊上扬，嘴角下垂，说明他有事瞒着你，并且他为此感到非常内疚和自责。

2.食指放在嘴唇上

当一个人双手交叉相握，两食指放在嘴唇上，说明他在竭力使自己平静，有事情想向你坦白。如果你看到对方这样子，先不要打扰他，也不要逼问他，等他自己想好了再对你说。

3.瘪嘴

当一个人在瘪嘴的时候，他是在有意识地试图保持沉默，说明他有事瞒着你，不知道该不该跟你说。

4.舔嘴唇

舔嘴唇是一种安慰行为，这个行为可以让非常紧张的说谎人镇定，也就是说谎者在说谎时常用的表情。

心理学家认为，虽然，说谎时是靠嘴巴，但其嘴部表情会泄露其说谎的秘密。这就好像有人在做坏事一样，即便其表现得异常镇定，还是免不了露出一些破绽，而撒谎者的破绽就在于其嘴部的表情。在日常交际中，我们要善于观察其嘴角动作的细微变化，有可能轻轻一个嘴角下垂，就预示着他有某些事情瞒着我们，也就是说，他在说谎。

不经意的嘴部小动作透露内心

从生理学角度看，通常情况下，人的脸部肌肉会随着情感的变化而变化，其中特别是以眼睛和嘴部四周的肌肉最为显著。按照嘴角弧度的不同，嘴部的动作可以分为很多种，或张开或闭合，或向上或向下，或向前或向后，或抿紧或放松，这样不同的嘴部小动作恰恰反应了不同的心理活动。比如，在生活中，容易被我们辨别的嘴部小动作包括：嘴角上扬表示喜悦，嘴角下垂表示痛苦，嘴巴大张表示惊讶，嘴唇紧闭表示生气，等等。

下面，我们就一一来揭示：

1.舔嘴唇

在生活中，当我们面临很大压力的时候，会感觉到口干舌燥，这时就会不自觉地用舌头不断地舔嘴唇，以便让它湿润一些。同样的道理，当人们感到不自在或者心理紧张的时候，他们也会反复地摩擦嘴唇，以此寻找自我安慰，并希望通过这样的动作让自己镇定下来。不过，在日常交际中，如果一个人总是不停地舔嘴唇，那并不会让人感到他是一个自信的人，反之，这种动作只会让当事人更紧张。

2.抿嘴

当我们面临重大压力的时候，一种常见的反应就是隐藏或拉紧自己的嘴唇。随着内心压力的增大，原来丰满的嘴唇会慢慢变得扁平，最后成为一条直线。而这个形态，恰恰表示人们内心的自信被大大打击，跌至谷底。心理学家分析，抿嘴唇是自我抑制的表现，这就好像大脑在告诉我们“闭上嘴巴，不要让外界的任何东西进入身体”，不过，正是因为这个抑制情绪的动作，反而暴露了这个人内心的焦虑。

3.噘嘴

当一个人的嘴唇向前噘的时候，通常表示心存不满情绪或有不同的意见。对此，心理学家分析，这是当事人希望将不满的意见拒绝掉的意思。有时我们会看到这样的情景：在开会时，当一个人不同意其他人的意见时，通常会做出这样的举动。当然，撅嘴并不完全是心存不满，因为有些爱撒娇的女孩子也经常做出噘嘴的动作。

4.撇嘴

当人们不开心的时候，通常会做出下唇向前伸、嘴角下垂的动作，这也就是我们常说的撇嘴。如果说嘴角上扬表示喜悦，那撇嘴的动作则表达了一种负面的情绪。当人们内心感到悲伤、绝望、愤怒或者不屑的时候，他们的嘴部就会出现这样的动作。其实，当克林顿深陷与莱温斯基的性丑闻，以及小布什被指责伊拉克情报失误的时候，我们都可以从其嘴部观察到这个细微的小动作。

尽管，在不说话或说话时，人们嘴部的小动作是异常丰富的，但人们往往忽视了其背后的心理含义。而对于那些细微的小动作，心理学家经过研究发现，每一个小动作背后都隐藏了一个心理秘密。

从嘴角的变化，剖析他人内心情绪变化

在小时候，我们都玩过这样一个游戏——贴嘴巴，也就是在不同的脸上贴上不同表情的眼睛和嘴巴，然后观察组合成的新表情。不同的搭配之下自然会产生新的表情，不过，即便在同一个眼睛下搭配不同的嘴巴表情，最后的结果也是令人惊讶的。我们常说眼睛是心灵之窗，是一个人情绪的全部表现，其实并不是这样，在面部器官中，嘴巴也是重要的表情工具。

嘴巴有四种基本的运动方式：张开闭合，向上向下，向前向后，抿紧放松，这时嘴角会呈现出不同的形态。这些丰富的嘴角形态，反映了当事人处于何种情绪。

1.嘴角上扬

嘴角上扬，这个表情动作是最容易辨认的。当一个人开心的时候，

他的嘴角就会不自觉地上扬，这是真实情绪的自然流露。假如一个人只是勉强露出微笑，那你可以观察一下，其嘴角没有任何动作，即便勉强保持嘴角上扬的动作，其嘴部的肌肉也明显是僵硬的。

2.嘴角扁平

在什么时候一个人的嘴角才会出现扁平的形态呢？也就是当他把嘴唇抿成“一”字形的时候。大多数人在需要作重大决定或事态紧急的情况下就会有这样的反应，这表示他处于思考状态中。而且，这样的人大多比较坚强，具有坚持到底的精神，面对困难从来不会退缩，因此，习惯做出这样动作的人很容易获得成功。

3.嘴角上挑的人

相比较嘴角上扬，嘴角上挑的人看上去有点傲慢，这表示其内心处于强烈的优越感中。这样的人机智聪明，性格外向，能言善辩，善于和那些陌生人成为朋友。他们胸襟开阔，有较强的包容心，即便那些曾经伤害过他们的人，他们也从来不放在心上。

4.嘴角向后

在与人交谈中，假如其中有人嘴角稍微向后，那表示他正在集中注意力听别人说话。

5.嘴角下压

在面部器官中，当一个人嘴角下压的时候，这个人的整个嘴部会有下垂的动作。这样的嘴角动作，表示着当事人处于负面情绪之中，有可能是悲伤、懊恼、抑郁，等等。尽管他在极力掩饰内心的这种情绪，但其嘴角的细微动作还是将其内心的秘密显露无遗。

嘴角的动作是由嘴部的上唇提肌和下唇肌共同作用而成的，或嘴角上扬，或嘴角上挑，或嘴角下垂，等等，这些看似细微的动作却可以泄露出一个人内心最真实的秘密。因此，千万不要忽视了嘴角动作的变化，一旦嘴角发生了细微变化，那将预示着这个人内心情绪发生了变化，因为真实情绪往往会隐藏在嘴角的变化之中。

嘴巴张合之间暗示的心绪

当一个人不说话的时候，其嘴巴是紧闭的；当一个人说话时，嘴巴是张开的。在这两种情况中，嘴巴有紧闭和张开两个动作。其实，不仅是在说话的情况下，嘴巴才有紧闭和张开的动作，在其他情绪的呈现中，也会出现这两个动作。

而且，仅仅是嘴巴紧闭和张开这两个明显的动作，也会表现出其内心情绪的不同。

1.紧闭的嘴巴

有时候，人们习惯性紧闭着嘴巴，给人一种拒人于千里之外的感觉。看似不想说话，其实内心却有另外的情绪在涌动，有可能是哀伤，有可能是愤怒，等等。下面我们就闭嘴这个动作，揭示其中有可能隐藏的情绪。

（1）悲伤

在许多悲伤的脸上都会出现紧闭嘴唇的形态，不论是泪如雨下还是略带克制的平静忧伤。在这些表情中，因上唇在颧小肌或者提上唇肌的作用下发生改变，嘴角会保持向两侧拉扯咧开的倾向，不过这没有明显的变化。这样紧闭着嘴巴，是悲伤表情的典型形态特征，苦涩的瘪嘴，就好像人们在吞咽药水时很痛苦的表情。

（2）愤怒

当一个人在愤怒的时候，大多也是紧闭着双唇的。这时嘴部形态直接取决于口轮匝肌、降口角肌，这两种肌肉的作用就是收缩，可以让嘴唇挤在一起。一个人生气了不会随便张口乱吼，在大多数情况只是紧闭双唇，憋着一口气，等待愤怒情绪的发泄。

2.张开的嘴巴

同样，张开的嘴巴，并不表示这个人在说话，有可能是惊讶时的动作，有可能是恐惧时的动作，也有可能是大哭时的动作。

（1）惊讶

当人们在惊讶的时候，嘴巴会不自觉地张开，配合一次快速地吸气，只有下唇在下巴的带动下自然向下轻微地张开，嘴唇表面皮肤不会变紧，也不会向两侧拉伸。在惊讶时，人们嘴部张开这个动作，纯粹是为了吸入更多的空气，从而为身体的下一步动作作好准备。当然，在这时嘴巴张开并不会拉动嘴部周围的肌肉，而单单是下颚有意地打开，让嘴巴张开，然后快速地吸气。

（2）恐惧

人们在恐惧时一样会张开嘴巴，脸上露出惊恐的神态。在恐惧表情中，上唇被提升，嘴角被颈阔肌向两侧大幅拉开，下唇也不光是随着下颚的垂落而打开，还会在降下唇肌的作用下被拉长、下降，露出部分下齿。这样一个张嘴的动作，是出于呼吸本能的需求，这与我们因恐惧而令全身进入紧张状态、皮肤变紧的性质是相同的。

（3）大笑

在大笑时，在颧大肌的作用下，提口角肌、提上唇肌等其他与上唇相连的肌肉会收缩。这时，上嘴唇在这些肌肉的影响下，几乎提升到了最高位置，将上齿全部露出，甚至还会露出部分上齿牙龈。大笑的时候，下颚下垂，使嘴巴张开，不过，这时下巴不仅下拉，还会向颈部移动后贴，下嘴唇也会被大幅拉伸，表面变得平滑。

当我们了解到闭紧嘴巴，有可能是悲伤或愤怒；张开嘴巴，则有可能是惊讶、恐惧、大笑，那么，我们就不会再单一地将张开嘴巴理解为说话，闭紧嘴巴理解为不想说话。有时候，嘴巴简单的闭合动作，其中却隐藏着当事人最真实的情绪，因此千万不可忽视这个细微的变化。

第 05 章

手部微反应：总在不经意间执行着大脑指令

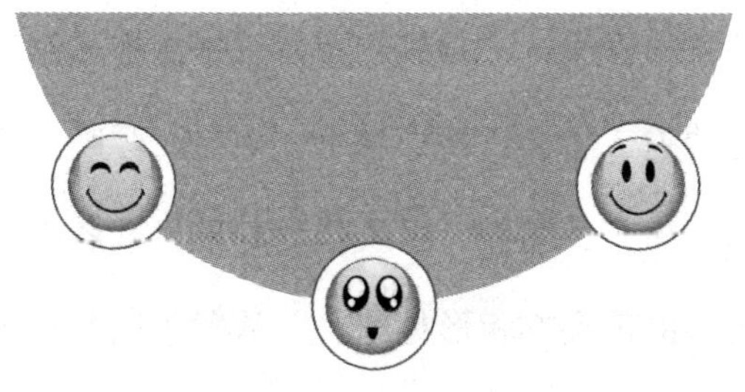

生活当中，经常有一些事是人们不愿说出来的，在相互的猜测中，你是否因为不能正确理解周围人的感受而使彼此受到伤害呢？其实，能帮助我们洞察人心的方法有很多，其中从人的手指这一部位入手，分析人的手部微反应传达的一些秘密，也能帮助你找到隐藏在肢体动作中的潜台词。因为就算我们嘴上的花言巧语再多，手也会不知不觉泄露撒谎者的秘密，因为手部动作不像面部表情那样经常被伪装。

挖掘小小手势背后的秘密

法国散文家蒙田曾说："看啊，看看双手怎样允诺，怎样变戏法，怎样申诉，怎样胁迫，怎样祈祷、恳求、拒绝、呼唤、质问、欣赏、供认、奉承、训示、命令、嘲弄，以及作出其他各式各样变化无穷的意思表示，使灵活巧妙的舌头亦相形见绌。"从蒙田的叙述中，我们感觉到了手势语言的魅力。手势，就是指用手指、手掌、手臂的活动来表达情感，传递信息。

通常情况下，一个人无论是说话还是做事，都会附带一些手势，一方面可以强调和解释语言所传达的信息，另一方面适当的手势可以使说话的内容更丰富、形象、生动。对此，有人说："手势是口语表达的第二语言。"由于手势是肢体语言的重要组成部分，所以，通过一个人所使用的手势，可以窥其真实的个性。手势是一个人在说话过程中常用的一种动作语言，一举一动均是其真实个性的自然流露。对此，心理学家认为，不同的手势反映了当事人不同的心理活动，从某种程度上可以读出对方的真实个性。

某位英国记者在整理多张欧美首脑照片的时候，发现了一个奇怪的现象：从奥巴马、希拉里到卡梅伦、萨科齐，他们在讲话时都会摆出同

一个姿势——伸出手臂，并用手指指向天空。尽管在很多时候，天空中什么东西也没有。

在奥巴马访问英国的时候，交谈期间，前首相布朗和保守党前领袖卡梅伦都不约而同地伸出了手指；希拉里在多次民主党总统候选人拉票集会期间，在向民众讲话的时候，也伸出了手指；德国女总理默克尔和法国前总统萨科齐在欧盟会议上，两人均是伸出手指，眺望远方。

对此，心理学家这样分析：欧美领导之所以在讲话时伸出手指指向天空，是因为在他们潜意识里，希望令自己看上去更具有领袖的气质，不想被观众认为是一个多余的人。英国心理学家马丁·斯金纳博士这样说道："首脑和那些即将成为首脑的人，都希望自己看上去像是一位真正的领导者。于是，在讲话的时候，他们在潜意识中试图摆出类似雕像的姿势。很显然，抬起手臂、昂起头的姿势无疑比光站着讲话更有活力，而眼睛向前上方望去，使他们看上去更有远见。"

1.十指交叉

这个手势动作是人们常用的一种动作，许多人以为这是自满的意思，其实并不是这样。十指交叉的动作是在隐藏自己内心的感觉，如果你在说话的时候，对方有这样的动作，那表示对方对你所说的东西并不感兴趣。如果对方将手松开了，这表示他有话要说，或者想起身离开。在某些时候，十指交叉还表示内心焦虑、紧张。

2.搓手

搓手这一手势并不是人们怕冷，而是表达了自己心中的某些期待。有的人搓手动作很快，那表示他对自己心中所想的事情跃跃欲试，而且抱着异常急切的心态。比如，听到朋友说去踢足球吧，就会快速地搓手，希望这一想法立即实现。有的人搓手动作比较缓慢，这表示他正处于作决定的紧要关头，犹豫不定，他正在考虑要不要去做那件事情。

3.用指尖轻敲桌面

有的人喜欢用指尖轻敲桌面，桌面则会发出清脆的响声。这表示当事人正陷入思考中，或许正在思考解决问题的办法，或者正在犹豫要不要去做一件事。在某些时候，当事人觉得不耐烦的时候，也会通过这种手势动作来减轻心中的压力。

4.背手

有的人喜欢将手放在背后，这样的人对生活充满了热情，对未来充满了希望。他们大多有着成熟的心态，遇到事情显得十分冷静，常给人一种镇定自若的感觉。不过，背手这一手势动作也大有不同，有的人喜欢用一只手抓住另外一只手的手腕，这表示当事人很紧张，他之所以出现这样的手势动作，只是想控制自己的紧张情绪。而且，这样的手势，如果手握的位置越高，那说明情绪紧张的程度就越高。

一个人的种种心理都能从千姿百态的手势中表现出来，通过手势，我们可以对一个人的性格特征和心理状态有一定程度的了解。在生活中，有的手势表明其扬扬得意，有的手势表明其非常忙碌，有的手势则表明对方有话要说。在生活中，我们经常说“捏着一把汗”，这时，紧张的情绪一下子就出现在了脸上，原来，手的表情比脸上的表情来得更真实。主要原因是人的大脑皮层除了控制面部的动作以外，绝大部分是通过手部动作来控制的。

双手紧握，暗含什么

在生活中，我们经常会看到有人习惯于紧握双手，这到底表示什么心理呢？当我们遭遇了一位刚刚创业失败的朋友，他向我们描述自己创业经历的时候，随着谈话的深入，他的双手会渐渐地握在一起，而且，随着讲述的继续，他的双手会越握越紧，以至于那紧紧靠在一起的手指都泛白了。有人形容，就好像两只手用胶水粘在了一起，动弹不得。其实，紧握双手表示一种内心的紧张感、焦虑感，或者是一种消极、否定的态度。伊丽莎白女王在出席皇室访问以及参加公众活动时最常用的就是这个手势，这时她会将紧握的双手优雅地放在膝盖之上。

在面试过程中，小王先是将双手平坦，放在自己的膝盖上。这时面试官提问了："你为什么会选择我们的公司呢？"小王顿了顿，整理好了思路，开始回答："在我的眼里，贵公司是一家以生产、销售为一体的知名公司，而且，我查阅了贵公司最近几年的发展历程，可以说，我对这样积极发展、蓬勃向上的公司很有好感……"

面试官对这样的回答似乎很满意，小王也松了一口气。但接着，面试官后面的问题就有点分量了，"如果我们没有录取你，你会怎么想？""你对自己很有自信吗？"小王头上沁出了汗，双手渐渐握在一起，越握越紧，最后，竟然手指都显示出苍白的颜色。

双手握在一起，即便当事人还面带微笑，也难以掩饰其心中的失落与挫败感。通常情况下，人们觉得自己所说的话缺乏说服力，或者是认为自己已经在这次谈话落败的时候，就会出现这样的手势：双手紧握。

这样的手势大概有三种：将双手举至脸部，然后握紧；将手肘支撑在桌子或膝盖上，然后紧握；站立的时候，双手在小腹前握紧。

其实，在紧握双手这个手势中，双手位置的高低与当事人心理焦虑的强烈程度有着极为密切的关系。也就是说，当当事人把两只手抬得很高而且双手紧握的时候，也就是双手位于身体的中间部位的时候，要想与之有进一步的沟通就会很困难。而当当事人的双手位于身体下部的时候，这时与其交流就容易多了。

不自觉地摸鼻子和嘴巴，表明对方在撒谎

当一个人用手摸嘴巴，这表示当事人试图抑制自己说出那些谎话，即便是用几根手指或紧握的拳头遮住嘴巴，这些手势所表现的心理也是一样的。在电视中，我们经常会看到这样的画面：当强盗或罪犯在和其他歹徒讨论犯罪计划，或者遭受警察审讯的时候，就常常做出这样的动作。假如一个人在说话时遮住自己的嘴巴，那他有可能在说谎。假如你在说话的时候，其他人用手遮住嘴巴，那就表示他们认为你可能隐瞒了某些事情。

没有来得及找好下家就辞职的小王，这段时间正忙着赶场面试。这天下午，他接到了两个面试通知，都是他比较喜欢的工作。于是，他把一家公司的面试安排在上午，而另一个安排在下午，中午还能吃个饭休息休息。

可是，等到面试那天，小王破天荒地睡过了头，起来的时候已经九点半了。他急忙洗漱，整理面试资料，等赶到公司已经是十点半了。他刚气喘吁吁地坐下，经理就走了进来，没说两句，公司副总也走了过来，想看看这里的面试情况。

顿时，小王的紧张感一下子就到了顶点，在介绍自己工作经验时不自觉地摸自己的鼻子，尽管他并没有感冒，也没觉得自己鼻子有多痒。副总脸上露出了不耐烦的表情，小王心更慌乱了，本来自己昨天还做了准备工作的，可是一紧张什么都忘记了。一会儿，副总就出去了，剩下的面试官问了几个无关痛痒的问题，就匆匆结束了面试。小王明白，这次的面试完全让自己搞砸了。

心理学家发现，那些说谎者在撒谎时会下意识地抚摸自己身体的某些部分。其实，说谎者在撒谎时越是想掩饰自己的内心，却越是因为这些细微的动作而暴露。当我们对那些说谎者进行仔细观察之后，我们会发现，他们在撒谎时会借助一些身体语言，比如，触摸自己或身上的衣物，掩口，摸鼻子，或者不断地拉扯自己的衣角，等等。

双手撑成塔尖状展示你的权威性

塔尖式手势就是指将双臂放在桌面上，十指对应相抵，与拜佛的手势极为相似，但掌心是分开的。心理学家认为，那些自信的人经常会用到这样的手势，以显示自己的高傲情绪。有时候，上级对下级，也会出现这样的手势，所向下级传递的信息是“情况早在我的意料之中”。另外，这一手势在从事会计、律师等行业的人身上，也使用得比较普遍。塔尖式姿势有公开与隐藏这两种形式，女性的塔尖式动作是隐蔽性的典型，她们坐着时会把手搁在膝盖上，在站着时则将合着的手轻放在及腰的位置。研究专家发现，那些自视越高的人，塔尖式的位置也就越高，有时甚至会齐眉，这样一来就像是从手缝中看人。

阿伟接到总经理办公室的电话，总经理希望他能过去一趟。放下电话，阿伟心里有点紧张，并不是因为总经理长得可怕，也不是因为总经理要批评自己，而是阿伟看见总经理塔尖式的手势就觉得紧张，不知道为什么，他总觉得这个手势有点慑人。

走进办公室，看到总经理正在批阅文件，阿伟松了一口气，心想，终于不会见到那个可怕的手势了。看到阿伟坐下了，总经理把文件整理好了，他开始将双臂放在桌面上，十指对应相抵。阿伟正在说话，突然看到这个手势，一下子都忘了说什么。尤其是总经理摆着这样的手势，双眼盯着自己，阿伟就觉得自己好像要受绞刑似的。

所谓塔尖手势，就是将一只手的指尖相对应地轻轻触碰另一只手的指尖部位，形成一个塔的手势，就好像教堂里高耸的塔尖。通常这样的手势会出现在上下级之间的交流中，这个手势表现的是一种信心、权威。当领导指导下属，或者是给下属提出建议的时候，他们在说话时通常会使用这个手势，以此体现自己的身份和自信。假如他对自己的答案很有信心，那习惯于使用这个手势的人还会将其演变成一种祈祷的手势，这样会让自己看起来更像是万能的上帝。

不可否认，塔尖手势是一个充满自信的手势。在与他人的相处过程中，如果你希望你所说的话被对方所接受，那么，就应该在心里树立信心，不要妄自菲薄。如此一来，你的身体语言就会像你的说话一样令人信服。通常情况下，我们在进行语言表达的时候，为了辅助语言的表达效果，会适当地增加身体语言，这时自信的手势恰好能收到辅助语言表达的效果。

假如我们想说服对方，或者是想赢得对方对自己的好感，那我们则应当避免使用塔尖手势，因为这个手势有时候会给人一种自鸣得意、狂妄自大的感觉。当然，假如你只是希望能让自己看起来自信十足，那塔尖手势对你应该会有帮助。

说话时的手势都暗含什么心理

手势是体态语言的主要形式，使用频率最高，而寓意深刻、优美得体的手势动作，常常能产生极大的魅力，激发听者的热情，加深听者对说话内容的理解，使说话获得成功。早在两千年前就有一位古罗马的政治家、雄辩家说过："一切心理活动都伴随着指手画脚等动作。双目传神的面部表情尤其丰富，手势恰如人体的一种语言，这种语言甚至连最野蛮的人都能理解。"

那么，在说话时手势所表达的到底是什么心理呢？

1.拇指式

竖起大拇指，其余四指自然弯曲，表示强大、肯定、赞美、第一等意思。

2.食指式

食指伸出，其余四指弯曲并拢。这一手势在演讲中被大量采用，用来指称人物、事物、方向，或者表示观点甚至表示肯定。

3.食指、中指并用式

食指、中指伸直分开，其余三指弯曲，这一手势在一些欧美国家与非洲国家表示胜利的含义，因英国前首相丘吉尔在演讲中使用而受到推广。

4.五指并用式

如果是五指并伸且分开，表示五、五十、五百……如果指尖向上并拢，掌心向外推出，表示向前、希望等含义，显示出坚定与力量，又叫手推式。

5.拇指、食指并用式

拇指、食指分开伸出，其余三指弯曲表示八、八十、八百……如果并拢，表示肯定、赞赏之意；如果二者弯曲靠拢但未接触，则表示微斜、精细之意。

6.仰手式

掌心向上，拇指自然张开，其余弯曲，这一手势包容量很大。区域不同其意义有别：手部抬高表示赞美、欢欣、希望之意；平放是乞求、请施舍之意；手部放低表示无可奈何、很坦诚之意。

7.俯手式

掌心向下，其余状态同仰手式。这是审慎的提醒手势，演讲者有必要抑制听众的情绪，进而达到控场的目的，同时表示反对、否定之意；有时表示安慰、许可之意；有时又用以指示方向。

8.手包式

五指相夹相触，指尖向上，就像一个收紧了开口的钱包，用于强调主题和重点，也表示探讨之意。

根据手的不同形状和活动部位，手势动作可分为手指动作、手掌动作和握拳动作。这些手势语言具有多种复杂的含义，需要细心辨识和掌握。手势的部位、幅度、方向、急缓、形状、角度等不同，所表达的思想含义和感情色彩就有很大差别。我们在说话时不应该拘泥于某个固定的模式，而是要根据我们所说内容的不同，灵活运用不同的手势，以此让听者领悟话语里的真意。

当然，手势动作只有在与口语表达密切配合时，它才能准确地表达出当事人的真实心理。当我们在说话时，假如需要使用手势语言，应该与有声语言、面部表情、身体姿态密切配合，不能胡乱使用手势，以免听者会错意，而且也会影响自己的语言表达。

第 06 章

情绪微反应：由瞬间的反应探知真实情感

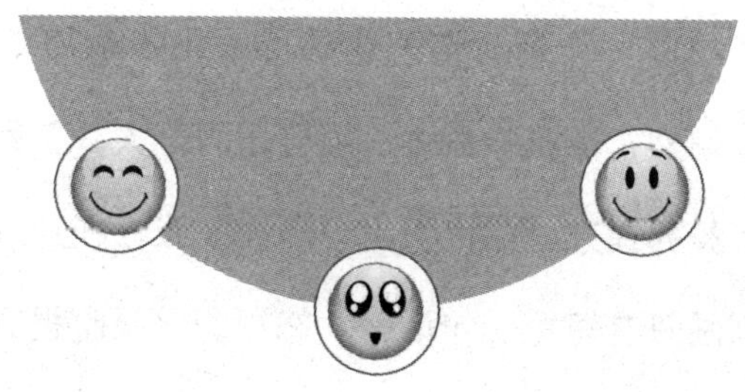

现代社会，出于各种原因，在人际交往中，一些人习惯了隐藏自己。因此，我们很难根据对方所说出的话去了解一个人，但其实，在观察微动作的同时，我们还可以从对方的情绪微反应中找到一些细微末节的突破口，由瞬间的反应探知真实情感，进而帮助我们更快、更准地把握人心。

怒视前方表达愤怒情绪

有人刻画了这样一个饱含愤怒情绪的表情：双眉下压，紧皱；怒视，上眼睑提升剧烈，下眼睑紧绷；嘴巴用力张大，上唇紧绷拉伸，露齿；下巴降低，鼻翼提升，露出上齿，鼻孔扩张。在这段描写中，对于愤怒时眼神的刻画只有短短一句话，“怒视，上眼睑提升剧烈，下眼睑紧绷”。或许，我们无法在脑海中刻画出这个形象，但读过武侠或侦探小说的人都不会忘记这样一句话——“他那杀死人的眼神”。愤怒的眼神是极具杀伤力的，因为会透露出锋利的光，在武侠小说里，有人用眼神杀人，想必就是愤怒的眼神。

在面部表情中，眼神是最能传情达意的。不管是喜悦，还是悲伤，透过眼神都可以摸清其内心的真实情绪。其实，愤怒也是一样的，当一个人在愤怒的时候，即便由于修养的关系，他会强压心头怒火，其眼神也会出卖其内心。在职场的一些场景中，我们只是看到镜片后老板犀利的眼神，就知道他定是在生气，自然不敢再动声色了，这样的生活案例其实就是典型的微表情。

在生活中，表情是千变万化的，这也是我们所不能详细描述的。我

们只需要记住一点，当一个人在愤怒时，不管他如何掩饰，我们都可以从其愤怒的眼神中感到锋利的目光，以此调整自己的言行方式。

如果我们只关注一个人的下半张脸，观察其鼻子周围和嘴部的形态，那是没办法判断对方的表情和情绪的。比如，由于其上嘴唇没有明显提升，所以鼻翼也没有提升，那鼻翼两侧和脸颊两侧就没有直接挤压形成的沟纹。尽管，有时候我们难以从这些细微的表情中判断对方是否在愤怒，不过除了这些，我们还可以注意其脸部的肌肉是否紧张。当憋在嘴里的怒气在里面乱窜，自然而然会引起肌肉的紧张或收缩，这时如果我们仔细观察，就会发现其脸颊的肌肉在微微颤抖，而这恰恰暗示了他的愤怒。

虽然，我们一再强调愤怒的情绪呈现主要在于眼睛和眉毛的形态，但我们还是会将嘴部变化视为愤怒的表情关键。比如，当一个人的怒气开始散去，他嘴部就会变得松弛。不过，因为愤怒的刺激源依然存在，所以眼睛仍可以强烈地表达愤怒情绪，并且就面部表情而言，眼神当中愤怒的程度还是比较严重的。不管愤怒的表情关键在于什么，它所能带给我们的威慑力依然是存在的。

那么，愤怒的眼神是如何形成的呢？那锋利的目光到底从何而来？

1.眼睑形态的改变

尽管上眼睑会在眼轮匝肌的收缩作用下向下闭合，同时受到眉毛下压的阻力，但是上眼睑的提升动作依然会由上睑提肌协同完成。所以，当两股相反的力量在上眼睑皮肤上相互积压，改变了上眼睑的形态，就会形成一道褶皱重叠。

2.锋利目光的形成

在通常情况下，人虹膜的上半部分会有接近四分之一被上眼睑盖住，不过在愤怒的表情呈现中，因为上眼睑的大幅提升，会露出较大面积的虹膜上缘。尽管上眼睑受到这层褶皱重叠的影响而变形，但我们可以猜测出，假如没有眉毛的下压而形成的皮肤褶皱，上眼睑会越过虹膜，且不会盖住虹膜上缘。而在上眼睑被强力提升的同时，下眼睑因眼轮匝肌的收缩，轻微地提升，变直而紧绷，这让愤怒的眼神更犀利。

最后，当双眉下压、上眼睑提升、下眼睑同时出现的时候，那锋利的目光就会从眼睛中喷射而出。

3.如何判断愤怒情绪的强弱

在生活中，有时候我们会发现，某些处于愤怒状态的人，其愤怒表情并不是上述模样，他们看上去眼睛睁得不是很大，虹膜露出也不多。其实，形成这样情形的原因在于，他有可能只是有一点轻微的愤怒，程度并不强烈。因此，当我们需要判断对方愤怒情绪强弱的时候，关键不在于观察其眼睛的大小或虹膜暴露的多少，而是观察眉毛、眼睑的形态组合。

我们可以想象一个人脸部肌肉紧张的样子——估计他已经气得全身发抖了，因为连面部肌肉都开始颤抖了，这暗示着他的愤怒情绪已经到了极端了。当然，这样的细微表情还需要我们就近观察，而这近距离观察，绝对能给我们内心震慑的感觉。这样的强忍怒火，让肌肉紧张的情绪状态，比张嘴骂人甚至出现肢体上的攻击行为更可怕。毕竟，能够表现出来的愤怒行为，还是可以接受的，但隐藏在紧张肌肉里的愤怒，不知道它何时才会爆发，那才是更恐怖的。

满脸疑惑掩饰受惊状态

在某些特定情境下，人们在惊讶的那一瞬间，便想要掩饰自己受惊的表情，他们会不断地用其他的表情或动作来掩饰自己的表情，这时我们该如何去察觉呢？虽然，惊讶的表情并不具备任何的威胁性质，但是在某些特定的场合，假如被人发现自己所露出的惊讶表情，肯定会给某些人带来影响，这时当事者就会想法设法掩饰自己受惊的表情，让自己尽量的保持在正常的状态。

小刚和梅子恋爱两年多了，不过，两人还没告知自己的父母。这不，最近两人打算结婚了，就邀请了双方的父母一起吃饭，顺便说说两人的婚事。

虽然，父母有些责怪他们隐瞒这件事，但见到儿女寻获了自己的幸福，还是感觉很高兴。吃饭那天，双方父母都是盛装打扮，希望能给自己的孩子争得一些面子。小刚的父母先到了，他们不断地打量着梅子，小刚的父亲更是觉得这个梅子好像似曾相识，到底是在哪里见过呢？正在他思索的时候，进来两个人，当看到那位雍容的妇人的时候，小刚的父亲差点昏厥了过去——那是自己的初恋情人，一瞬间，小刚的父亲失神了。或许，察觉到别人的目光，那妇人也看过来，顿时，眼睛里满是惊讶和疑惑。但就一秒钟，两人的神色恢复了正常。

落座之后，经过孩子们的介绍，梅子的母亲才知道，刚才那个盯着自己看的男人，也就是自己的初恋男友，竟然是小刚的父亲。一时之间，她竟无法言语，当小刚介绍自己的时候，她只是生硬地说了一句：

“你好！”她的双手紧紧地拽住自己的衣角，好像需要什么力量支撑一样。但她的脸色还算正常，只是脸上出了一些虚汗。

在这个案例中，梅子的母亲是怎么来掩饰自己惊讶表情的呢——无法言语，生硬的语调，双手紧紧地拽住自己的衣角，好像需要什么力量支撑一样，脸上出了虚汗。当然，这些都是通过细微观察才能察觉到的表情变化，如果我们只是粗略地看一眼，估计不会察觉到对方正处于惊讶之中。

通常人们会以这些常见的方式克制受惊的表情：

1.用手捂住嘴巴

听到意外的事情，或看到意外的情况，之所以会用手捂住嘴巴，那是因为当事人担心自己在过度惊讶之余会尖叫出来，这势必会引起混乱。对此，他们就赶紧用手捂住自己的嘴巴，实际上也是克制自己的惊讶表情。

2.假装表现得很不在意

当两个原本熟悉的人，迫于特别的情境却需要装作不认识，那他们表示才刚见面的惊讶表情是必不可少的。而且，他们想要克制惊讶的表情也是可以抓住的，比如，他们会假装表现得很不在意，但语气、语调则十分僵硬，让人感觉是虚假的。

通常情况下，一个人惊讶的持续时间是很短的，都不会超过一秒钟。假如惊讶程度较强的，表情的持续时间就会稍微长一些，不过还是不会超过一秒钟，而且表情出现很快，消失得也很快。当他们一旦了解到当前使自己意外的事物之后，就会马上恢复常态。基于惊讶表情持续的时间较短，因此我们更需要及时地抓住对方想要克制惊讶表情的微表情。

在生活中，饱满的惊讶表情是异常少见的，人们总是会试图掩饰和隐藏自己的负面情绪，过于直白的表情流露的结果就好比自己把内心所想的话说出来，这让自己在人前成为了一个透明体，自己想什么，想做什么，别人都会一清二楚。因此，惊讶的表情往往是一瞬间的，不到一秒钟的时间，那惊讶的表情就已经消失得无影无踪了。不过，仅仅是一秒钟的表情闪现，我们也可以从中观察到一些复杂的表情以及心理。

那么，在一瞬间的惊讶表情之中，所体现出的心理和表情到底是怎么样的呢？

1.心理活动

当人们听到或看到一些意料之外的事情，最开始会出现惊讶的表情，但很快就会消失不见。虽然只有不到一秒钟的时间，但人们的心理活动是异常复杂的。当受到了意外刺激，人的大脑会很快判断这个刺激源的性质和影响，假如在判断这个事情上停顿的时间过长，那肯定会延误了最佳的反应时机。在这种情况下，人们会很快地掩饰自己的惊讶表情，毕竟，如果长时间地保持惊讶情绪，有可能会被人嘲笑："还没想明白吗？"而如果遭遇的是坏的刺激源，那长时间处于惊讶的表情，不仅会遭受危险，甚至会丢失性命。

2.表情呈现

在现实生活中，更多的惊讶是部分面部肌肉形态的表现。

（1）中等惊讶表情

中等惊讶表情是没有嘴配合的惊讶表情，这与饱满的惊讶表情相比，有两个地方需要我们仔细观察：眉毛抬得不是那么高，眼睛睁得不是那么大，不过，与正常状态相比，确实抬高了眉毛，睁大了眼睛。嘴巴部分的动作，可能是非常轻微地张开，甚至不存在。不过，假如嘴唇没有分开，那么必然配合有鼻子吸气的动作，当然吸气的力度不足以让你看到颈部肌肉的紧张收缩。

（2）只有上眼睑的提升

这种惊讶的表情在呈现时，连眉毛的上扬都几乎不可见，只剩下上眼睑的提升。当事人的主观控制，或者刺激源力度的不足，都可能导致眉毛部分没有明显提升变化，只保留了上眼睑的提升。相反，假如单单是提升眉毛而保持眼睑不动，则会出现失神的样子。不过我们可以确定，这样的表情形态，不是惊讶情绪的表现。

虽然，惊讶情绪的表情呈现的时间是很短的，但其内心情绪的持续时间则并非这样短，那是因为外在的表情掩饰只是为了做给别人看的，当事人或许只是出于某个目的才会想要掩饰自己的真实情绪。这时一个人的情绪与表情呈现是不统一的，有可能惊讶表情之后，其内心依然处于惊讶之中，而表情的闪现也会在很细微的表情之中。

面部呆滞暗藏焦虑不安

当一个人紧张不安的时候，其面部会显出僵硬感。这是因为其内心的过度紧张影响了面部肌肉的正常收缩，甚至在这一刻，当事人已经忘记了用微笑去掩饰自己的紧张。在生活中，有时候我们自己也会出现这样的场景，当自己一个人在讲台上说话时，会感觉面部肌肉很不正常，似乎怎么也自然不起来。即便想要尝试着露出笑容，也始终觉得嘴角的肌肉是僵硬的，牵动不了。究其原因，是内心的焦虑不安与紧张情绪。

我们常说，面部表情是内心情绪的一面镜子。当一个人内心出现什么样的情绪，这样的情绪就会及时地反映给大脑，然后通过面部表情呈现出来。“紧张不安”这样的情绪是人体在精神以及肉体两方面对外界事物反应的加强。生活中好的变化，以及坏的变化，都会使人紧张不安。紧张会让人面部肌肉僵硬，睡眠不好，思考以及注意力不能集中，头痛，心悸，等等。

在班上，他是一个内向的孩子，平时跟同学很少说话，总是一个人静静地坐在角落。虽然，在听到同学们说到了一些有趣的事情时，他也会跟着笑笑，可一旦同学将目光转移到他身上，他便会觉得紧张不安。

那是一节公开课，当老师提出问题之后，环视了教室一周，目光竟然落到了他身上。老师决定给这个性格内向的孩子一个展示自己的舞台，她挑选了一个还算简单的问题，点名要他回答。听到自己的名字，他先是惊讶地张开了嘴巴，没想到老师会叫自己起来回答问题。然后，他开始有点紧张了，他感觉到自己双脚发软，似乎连站起来都很困难。终于，慢慢地站起来，他抬头看着老师，想露出一个笑容，但无奈面部肌肉竟然变得僵硬，不再受自己控制。老师微笑着，示意他不要紧张，他开始慢慢平复自己紧张的情绪。深呼吸，然后开始一个字一个字地思考老师提出的问题，在思考的过程中，他觉得自己紧张的情绪不再那么强烈了，而面部肌肉也松弛了下来。最后，在老师和同学鼓励的眼光中，他大声地说出了正确答案，赢得了一片热烈的掌声。

在正常情绪下，一个人的面部肌肉是松弛的。他可以凭借自己的情绪自由调节脸部的各方面肌肉，比如，微笑时，嘴角上扬，眉头上扬；惊讶时，嘴巴微张，瞳孔放大。但一旦这样的情绪过于激烈，比如，过分紧张不安，这时内心的那种惶惶不安就会显露在面部表情中，肌肉僵硬的情况也就出现了。

不安反应属于恐惧反应之一，恐惧的微表情包括了几种不同程度的衍生情绪，内心情绪程度不同，所呈现出来的表情自然会不一样。按照情绪的饱满程度，依次可以列出担忧、不安、害怕、恐惧四种不同的状态。刚开始，人们接触到外界的刺激源的时候，或许只是担忧，这个刺激源到底是好还是坏呢？继而发现其中的一些信息，开始不安起来，接着，发现这个刺激源原来是极具威胁性的，他们会变得害怕，最后达到恐惧的状态。

下面，我们就按照恐惧情绪程度的不同，依次展现一些情绪表情的差异之处：

1.轻微担忧的表情

当一个人在轻微担忧的时候，他表情中只有眉毛和眼睛流露出了担忧的情绪。眉毛没有大幅度提升，仅仅可以观察到眉头的上扬和眉毛的平直扭曲形态，眼睑整体自然，不过，上眼睑还是处于比正常状态略高的位置，露出大部分虹膜。假如这时眉毛的提升和扭曲加剧，上眼睑进一步提升，那表情就有可能上升为不安，甚至是害怕。

2.担忧的表情

当一个人轻微闭紧双唇，配合典型的恐惧双眉形态，就能够将担忧的表情呈现出来。紧闭嘴唇实际上是一种克制，皱眉表示内心的压力和关注，这时并不需要睁大眼睛，因为没有直接的刺激源需要捕捉视觉信息。担忧表情特征集中在两点：一是眉头上扬和扭曲的眉形，这表示心中有压力，不过不是厌恶和激愤，厌恶和激愤的眉形不扭曲；二是嘴唇紧闭，唇红部分隐藏，口轮匝肌收缩使嘴唇紧绷，嘴角处因降口角肌的收缩，也产生隆起，这表示压力的存在。假如眉毛形态和嘴唇形态紧张，那就可以判断当事人承受压力的神经状态，假如嘴部的紧张状态消失，那表示担忧的状态再度减轻。

3.不安的表情

当情绪增强，表情的形态特征也随之增强，比担忧程度更高的是不安，用“焦虑不安”可以很好地表达这种心理情绪。假如听到什么不好的消息，脸上出现的表情大部分就是这样。嘴的形态基本松弛，眉毛整体趋平，依然保持扭曲的状态，眉头上扬，不过程度稍微加重。皱眉肌引起轻微纵向皱纹，眼睛睁开的程度增加，不过并不夸张，上眼睑提升没有恐惧和害怕的表情那么显著，不过，相比较正常松弛面孔，虹膜上缘露出的面积要大一些。

4.害怕的表情

害怕表情的典型特征：提升而扭曲的眉毛，以及警觉的眼睛。眼睛睁得越大，表明心里越是害怕。在饱满的恐惧表情中，眼睑会试图扩张到最大的位置，以至于可以露出虹膜上缘的眼白，不过有时会被眼睑皮肤褶皱遮挡。尽管，害怕的表情不会造成十分夸张的眼睑运动，不过观察眼睛的形态，依然可以确定害怕的程度。

害怕表情主要呈现为：眼眉的扭曲形态由皱眉肌和额肌中间共同收缩形成，眉头上扬；上眼睑向上提升，露出更多的虹膜上缘；提上唇肌轻微收缩，上唇提起，略微露出上齿；颈阔肌轻微收缩，将嘴角的两侧拉开，这样显得嘴的水平宽度更大。

恐惧的表情可以说是一瞬间形成的，但仅仅这一瞬间，也是由多个不同程度的微表情组成的。在每个情境之中，恐惧的程度不一样，所呈现出来的表情也就不一样。当我们在观察他人面部表情的时候，需要注重细微的差别，以此作出准确的判断。

在生活中，当一个人出现紧张的情绪反应时，该如何调适呢？对于这样的情况，我们应该坦然接受自己的紧张情绪，应该想到这样的紧张是正常的，许多人在同样的情境下可能会更紧张。我们甚至可以在心里与紧张的自己对话，问自己为什么紧张，自己所担心的最坏的结果是怎样的，坦然从容地面对，做自己该做的事情，这样我们就会慢慢平复内心紧张的情绪。

黯然流泪难掩悲伤心情

根据外界刺激源的力度和当事人抑制情绪的程度，悲伤可以分为许多不同的等级：号啕大哭、正常的哭、抽泣、闭着嘴默默流泪、委屈、忧伤等。当然，如果是饱满悲伤情绪下的痛哭，可以很容易辨认，因为这样的表情特征是最清晰的。不过，对于其他不同程度的悲伤表现，我们就不那么容易辨认了。对此，我们可以从其哭泣的不同表现来解析对方的悲伤程度，从其眉毛、眼睛和嘴巴可能会出现的细微表情窥探其真实心理。

不同程度的悲伤表情是不一样的，此外，由于刺激源力度的不同，所带给人们的反应也是不一样的。因此，我们完全可以从一个人不同的悲伤表现中解析对方的悲伤程度。一个人哭泣的表现会随着外界刺激源力度的大小，以及人们抑制悲伤情绪的程度，而变得不同。比如，当一个人遇到了重大的家庭变故，他内心的悲伤是极致的，但因抑制情绪的本能反应，他所呈现出来的表情可能就是闭着嘴哭泣。

1.闭着嘴痛哭

相比较痛哭的表情，有的人会闭着嘴哭，或许当他抑制不住的时候会掩口哭泣。这样的表情，嘴部变化比较显著，额肌会进一步加强收缩，将眉头向上提拉，双眉皱起，向中间聚拢。对此，我们所看到的表情呈现是：双眉下压，眼睛紧闭。当然，没有人会睁着眼睛痛哭的，即便是最擅长演哭戏的演员，他们所能做到的也是睁着眼睛默默流泪。一旦悲伤情绪涌来，导致气息加剧，随之而来的动作就是紧闭双眼。

从这样一种哭泣的表现中，我们可以看出当事人内心的悲伤是难以言说的，他是在本能地抑制释放自己的悲伤情绪，因此才会有“掩口”这样的动作。

2.号啕大哭

号啕大哭的表现：双眼紧闭，流泪，脸部抽搐，全身抑制不住地颤抖。这样痛哭的表现，定是刺激源力度强烈所造成的，如传来亲人去世的噩耗，等等，在这样的特别情境中就会出现号啕大哭的表情。

3.抽泣

我们通常所见到的抽泣表情是：一个人默默地坐在角落里，拿着手帕不断地拭泪，但整个过程中听不到哭的声音，只是看见眼睛红红的，还有因哭泣带来的鼻子喘息的声音。一个人在抽泣，那表示其内心十分委屈，这是一种憋屈。他不大声哭泣，那是因为悲伤还没达到这个程度，只是默默地哭泣，那意味着这样的悲伤情绪是可以化解的。

4.忧伤

神情忧伤，也就是这个人脸上有悲伤的痕迹，却没有哭，有可能是哭过了，有可能是即将达到哭泣的情绪。他们的表情呈现：双眉下压，紧闭双唇，眉梢之间有一种抹不开的忧愁。当人们呈现这样的表情，表示其处于即将达到悲伤情绪的边缘，他可能想到了某些不开心的事情，因此才会出现这样的表情。

从心理学角度说，当一个人处于悲伤情绪的状态，需要寻找一个有效的渠道释放，如放声大哭，找最亲近的人哭诉，等等，以此让自己内心极度悲伤的情绪得到合理的释放，如此才不会给自己的身心带来危

害。毕竟，过度的悲伤以及持续时间很长的平静的悲伤对人的身心都是不利的。当一个人长期处于悲伤情绪中，那孤独感、无助感就会不断袭来，最后，他的身心都会被悲伤渐渐吞噬，直至最后在悲伤中死亡。不过，在现实生活中，许多人习惯于抑制自己的悲痛，“带着眼泪的微笑”就是很好的说明，这时我们该如何通过一些微表情来窥透对方的真实情绪呢？

在生活中，有时候，我们前一刻还在痛哭，但马上我们所需要面对的是家人、朋友，如果我们不想让他们担心，就会刻意地掩盖自己的情绪。比如，我们刚哭完，眼睛红红的，当对方问道“怎么了”，我们会回答“眼睛进了沙子”。而且，哭泣的声音是沙哑的。但当我们想要掩饰自己的时候，会先润润喉咙，尽量让自己的声音听起来很正常。其实，再多的掩饰也会露出破绽，从那声音的颤抖中，人们还是会辨析出我们的情绪是悲伤难过的，我们只不过在自欺欺人罢了。

那么，在刻意掩饰悲伤情绪的时候，微表情有何呈现呢？

1.嘴部的变化

掩饰的哭泣与痛哭之间的区别在于对嘴部的抑制程度。当紧闭双眼哭泣的时候，嘴部的动作是为了抑制发声，降低哭泣的音量。不过，所造成的另外的结果是，抑制能量的消耗，让悲伤持续的时间变长。在抑制的悲伤情绪中，情绪需要张嘴发泄，不过，主观意识想要掩饰自己的这一表情，会要求紧闭双唇，这样就会让嘴唇很紧张，有一种向内的压力对抗向上和向外的力量，因此嘴部就会有轻微的抖动。

2.扭曲的眉形

当一个人在刻意抑制悲伤的时候，尽管他的表情很快会恢复到正常状态，但是，在眉头之间，扭曲的眉形还是会泄露其内心的秘密。扭曲的眉形是悲伤的典型形态特征之一，或许是来自痛苦和抑制的纠结中，这样的扭曲形态极具感染力。

通常情况下，当一个人的情绪自然地由内而外散发出来的时候，这样的表情是自然流露的，没有一丝伪装的痕迹。不过，当一个人想要刻意地抑制内心的某种情绪，那么在表情的呈现中，就会露出一些伪装的痕迹，因为刻意，难免会在某些地方伪装不到位，以至于在微表情闪现中出现一些端倪。对此，当对方在刻意抑制悲伤情绪的时候，我们也可以对其呈现出来的微表情仔细揣摩，定会窥探出对方的真实情绪。

第 07 章

撒谎微反应：各种小动作帮你判断出谎言

人们交往的时候，很多情况下，嘴里所说的话和身体语言所表达出来的意思是不相符合的，人的嘴巴可能会说谎，但是身体永远不会说谎。学会解读他人的身体的微反应，才能帮我们把握对方的心理变化，才能了解对方想什么，才能明白如何去顺应对方的心理做出相应的对策。

人在撒谎时，会有哪些微反应

心理学家认为，说谎是人的天性，不是后天锻炼的，尽管有时说谎并非是恶意的，当中也有善意的，也有不得已的。不过但凡是说谎的人都有一种心理——需要思考怎么样让自己的谎言不被揭穿，而这种心态会让撒谎者染上一种自我保护色彩。不过，谎言一旦被揭穿，那说谎者就会感到自卑，没有脸面，同时对周围的环境感到恐惧和焦虑。

那么，那些喜欢撒谎的人，他们的心里到底是一种什么样的想法呢?

1.撒谎者的身体微反应

心理学家认为，当人的大脑受到外界的各种诱惑时，就会短暂地出现偏离轨道的行为，且控制着诚实的身体去做一些违背自己意愿的行为。这些行为就是撒谎导致的，所以可以说，身体微反应可以直接体现出撒谎者的心理：不自主的生理、心理反应，都会很自然地通过其体态语言暴露出来，比如，小偷拿了别人的钱财肯定会慌张，并且会急速地逃离以掩饰自己偷窃的行为。

2.撒谎只是为了保护自己的利益

这个社会比较现实，为了生存，为了自己的某些利益，而出现了走弯路的做法，这时只能撒谎，利用撒谎来躲避这个社会的各种压力以及束缚。简而言之，撒谎就是为了逃避社会现实。

现代人的心理越来越复杂，比如，他们在就业、学业、家庭中会遇到各种各样的事情，为了暂时地脱离这些事情，人们需要幻想来暂时安慰自己，也就是逃避现实。这样的心态会在撒谎时不断地让自己相信幻想中的那些美好画面，不断地暗示自己一定要坚信自己所说的话，最后导致形成了撒谎的癖好。

3.源于一种心理障碍

在生活中，有一些具有精神分裂倾向人，比如，精神错乱、幻听、幻视等，他们所说的语言、表达的行为是比较恣意妄为的，这与那些正常的撒谎者是不一样的。这样的人心里实际上没有什么杂念，喜欢想到什么就说什么，夸夸其谈，总喜欢吹嘘自己，而他们在大脑潜意识里根本没有撒谎的概念。他们撒谎，只是一种精神疾病，一种心理障碍。这样的人心是虚的，表现得却镇定自若，十分坦然。

心理学家认为，一个人在说谎的时候除了会做出各种各样的小动作加以掩饰之外，还有一种情况是我们不曾料到的，那就是大部分撒谎者都会是一副正襟危坐、大义凛然的模样。实际上，这是不难解释的，这表示撒谎者比平时更加注意思考，想寻找一个圆谎的万全之计。而在平时的生活中，当一个人在思考的时候，往往会尽可能减少肢体活动，集中精力地思考问题。

心理学家认为，假如我们需要知道对方是否在撒谎，那就要不露声色地旁观。所谓“旁观者清”，就是说我们需要站在旁观者的立场上，平心静气，比较客观、准确、多角度、全方位地观察。因为一个善于撒谎的人只有在没有戒备心理、不以取悦的心态进行乔装打扮时，所展现出来的才是较为真实的自己。

当然，旁观法还需要面对面地直观，这样才能与其正面接触，通过直接“交锋”而获取对方的想法，假如观察对方只停留在表象上，一些本质的东西往往就难以准确把握。

笑得越复杂，越表明有秘密

在人的所有表情中，最常见的一种表情应该是“笑容”。在人际交往中，人们对于微笑是最没有抵抗力的。但是，谁能知晓，在笑容的背后或许是另外一张脸呢？笑容也分为很多种的，通过仔细观察，就会发现人们的笑容不外乎这几种常见的，如微笑、轻笑、大笑、羞涩的笑，等等。微笑是指不露出牙齿的笑容，这是一种会心的笑法，有默契地暗示或者表示出事不关己的态度，通常情况下，微笑都是一个比较善意的表情；轻笑的时候露出了上牙，嘴唇稍微咧开，这样的笑容一般出现在招呼新朋友的时候，作为打招呼的一种；大笑通常是人们非常开心的时候所展示的，上下门牙全都露出来，并且发出了爽朗的笑声；人们在显得不好意思的时候，就会轻抿小嘴，露出一个羞涩的笑容。当然，这些微笑都是不具备杀伤力的，在这里，我们所需要讨论的是另外一些隐藏着秘密的笑容。

不知道朋友们听说过没有，笑容也分真假。笑容所反映的是一种真实的情绪，产生于可以拉动嘴角向上的面颊肌肉。笑容出现的时候，面颊会朝上扬，眼睛下皮肤会垂下，眼角会出现鱼尾纹，眉毛会下降。而且，真实的笑容所持续的时间只能是2秒至4秒之间。这才是最真实的笑容，如果不出现这样的面部表情，那只能证明笑容是虚假的。那些虚假的笑容，或者不是发自内心的微笑，在它们的背后都隐藏着不可告人的秘密。有的人是笑里藏刀，有的人是在撒谎，有的人是企图以虚假的笑容掩盖真实的内心。

下面，我们就来揭开人们那些笑容的假面具，分析其真实的心理动机。

1.笑里藏刀

心理学家告诉朋友们，千万不要以为那些喜欢笑里藏刀的人，就是“整天低着头”“不敢去正视别人的眼睛”“目光畏缩隐藏”的人。其实，现在很多笑里藏刀的人都已经脸皮厚到不会轻易心虚了。

但他们还是有一些特征的，主要表现在面部表情上面。比如，笑起来的时候，显得不够放松，举止轻浮，言语中有一些不检点的成分；眼神虽然看似真诚，目光却四处游离，没有办法长期定位；他们唯恐自己的话语中有漏洞，会一不小心说错话，因此他们所说的话都是经过大脑认真思考的。

2.皮笑肉不笑

有的人的笑容显得很假，皮笑肉不笑，他们的笑容并不是发自内心的。这样的笑容一般出现在一些老谋深算的高层人士脸上，他们大多比较有心机，做事也显得很沉稳。

3.憎恨时的笑容

有时候，人们在愤怒或憎恨的时候同样会微笑。那是因为他不想把内心的欲望或想法暴露出来，所以就强力克制住自己愤怒的情绪，勉强露出一个微笑。在与人相处的时候，如果轻易地流露出愤怒、憎恨、悲哀以及恐怖等神情，很容易招来很多麻烦，影响人际交往。所以，很多人都是通过微笑来压抑负面的感情，表现出喜悦和愉快的神情。

4.说谎的笑容

心理学家认为，说谎者常常带着虚伪的面具，因此他们的笑容也是虚假的，他们会利用自己伪善的笑容来掩饰自己的谎言。美国匹兹堡大学的心理学教授杰夫里·考恩认为："我们可以说出每块肌肉动了多少次，它们停留多长时间才变化的，对方的表现是真实还是伪装的。"无论你面对的人是在撒谎还是心虚，你都可以通过对方的笑容来判断对方心里的真实想法，因为说谎者虚伪的微笑在几秒钟内能戳穿他们的谎言。

心理学家告诉朋友们，真正的微笑是均匀的，它在面部的两边是对称的，它来得快，但消失得慢，因为它还牵扯了从鼻子到嘴角的皱纹，以及眼睛周围的笑纹。而那些说谎者伪装的笑容则来得比较慢，而且它们出现在面部时是有些轻微地不均衡的，当一侧不是太真实时，另一侧想作出积极的反应，而眼部肌肉没有被充分调动。这一点我们可以通过观看电影或电视来发现，那些电影中的坏人经常露出的笑容是既冰冷又恶毒的，所以他们的笑容永远到不了眼部。

如何透过微反应识破谎言

一般来说，说谎者都很善于掩饰自己，每一个说谎者都希望自己能够成功地欺骗他人，而自己能够享受那种喜悦的心情。其实，只要我们细心地观察，就会通过对方的言行举止发现谎言的秘密。因为，即便是最高明的说谎者，他也会出现“百密而有一疏”的情况。通常情况下，说谎者不外乎就是把自己的谎言掩藏在言行举止中，只要掌握一些辨别谎言的技巧，我们就会清楚地判断出对手是否在说谎。在谈判过程中，我们的对手往往是将自己的真实内心包裹起来，而呈现在我们面前的是一张虚假的面具，甚至即使他嘴里说着谎言，如果我们不仔细观察，也很难察觉。

那么，说谎者经常用到的掩饰方式有哪些呢？下面心理学家就简单地介绍几种说谎者常用的方式，以此来看穿对手的谎言。

1.撒谎的人喜欢触摸自己

掩口：说谎者为什么会想要捂住自己的嘴巴呢？其实，这是由于说谎者的大脑潜意识里使他不想说那些骗人的话而导致的下意识动作，如此细微的举动可谓是“欲盖弥彰”。另外，当我们在谈论某些事情的时候，对方却捂住了嘴巴，这表示着他对你所说的并不感兴趣，只是不愿意当面表现出来而已。

摸鼻子：有的说谎者在撒谎时会摸自己的鼻子，有可能他们本来是想捂住自己的嘴巴，但觉得这样的举止不太合适，通常就会在鼻子上摸几下，以此来掩饰自己捂嘴的动作，其目的就是掩饰自己在撒谎。不过，并不是所有摸鼻子的人都在撒谎，一般而言，说谎者触摸鼻子的时间很短，而且力度很轻。

拉扯自己的衣角：通常情况下，人们说谎会引起心理上的不平衡，如此就会导致交感神经功能的微妙变化。在那一瞬间，他们会下意识地拉扯一下自己的衣领或者衣角。这时候，如果你细心地观察，就会发现对方的情绪处于十分紧张的状态，随时都有可能会爆发出来。

2.虚假的笑容

在说谎的时候，那虚假的笑容就成为了最好的伪装面具。有可能我们的对手在撒谎，那么，我们可以通过对手的笑容来判断其心里的真实想法，因为说谎者脸上所挂的始终是虚假的笑容，他们的笑容没有办法牵动眼部的肌肉。

3.表情的闪现

一般情况下，每个人维持一个正常的表情会有几秒钟的时间，它所呈现在脸上的时间既不会太长也不会太短。而对于一个说谎者来说，在他们伪装的脸上，真实的感情只会在脸上停留极短的时间。而且，大部分的说谎者会把自己伪装的面部表情维持更长的时间，一般而言，一种表情如果持续的时间超过了10秒钟或5秒钟，大部分都可能是假的。有的人会极力掩饰自己愤怒的表情，他们尽量使自己的表情处于一种相对稳定的状态，如面无表情；还有一些人，他们会长时间呈现自己伪装出来的表情，如在整个谈判过程中都挂着虚假的笑容。

4.脸色发红

面部是人们最明显的身体部位，也是最容易暴露的部分，它是人们传递情感信息的最重要的部分。有的人在说谎时脸色会发红，如果有人将他的谎言识破了，他会显得更加紧张，甚至会导致面部充血，使脸部皮肤呈红色。

心理学家提醒各位朋友，那些善于伪装的说谎者在撒谎时除了上面介绍的几种方式外，还有其他一些表现：比如，平时沉默寡言，突然变得口若悬河；在谈话过程中露出惊恐的表情却强作镇定；说话时闪烁其词，口误比较多；对你所怀疑的问题，过多地一味辩解，装出很诚实的样子；精神恍惚，不敢与你目光接触。在交流过程中，只要你能够细心地观察对方的言行举止，那就很容易判断出对方是否在说谎。

奸诈小人是如何掩饰自己的

在日常生活中，小人无处不在，时常有意无意地在我们身边出现，给我们带来一些麻烦。但是我们并不能轻易地发现他们，很多时候我们只能在心里暗暗诅咒他们。其实，那些越是奸诈的人就越善于伪装自己，他们用邪恶伪装善良，用奸诈伪装贤德。他们在表面上对你相当和善，背着你却猛说你坏话，甚至使计策坏你的好事，我们对这样的人简直是烦不胜烦，但是也毫无办法。实际上，虽说小人掩饰的功夫相当到

位，但是依然会免不了与常人不一样，他们在很多时候，会透过一些微反应泄露出心中的秘密。只要我们仔细观察，就会发现我们身边的小人，这样就能够及时地采取远离或逃避等措施，以防上当受骗。

李先生是一家小公司的业务经理，他平时的工作就是管理业务部下面的十几个人以及一些业务上的来往。最近公司新来了一个员工小王，小王是个看起来挺老实的年轻人，对人也是彬彬有礼，客气有加。更难能可贵的一点就是，他平时工作很认真，几乎没有出现过任何差错。所以，他才来公司上班一个月，就深得李经理的喜欢，李经理还准备把他提升做业务助理。正在这时候，却发生了一件意想不到的事情。

有一次，因为李经理的疏忽，一下子造成了两个大业务的直接流失，总经理为此大为恼火。李经理一方面作了深刻的反思，另一方面也对失去的客户进行了最大限度的挽留。那些天，整个业务部都弥漫着一种落寞的气息，李经理整天为工作的事情焦头烂额。但就是在这个极为关键的时刻，李经理偶然在朋友的嘴里听到了小王背着自己在总经理面前说的不少的话，其中包括了对自己平时工作的恶劣评价，还唆使总经理把自己辞退掉。

当李经理得知这些消息的时候，他不禁有些惊讶，不断地说："没有想到小王是那种人。"他再慢慢回忆与小王日渐交往的过程，才发现其实小王平时就有一些不太正常的表现。比如，小王从来都是对自己彬彬有礼，哪怕是自己语气相当地愤怒，小王也总是满脸笑容地看着自己。想到这里，李经理不禁有些头皮发麻。

其实，小人特别善于用一些微反应来掩饰自己，比如，说话时目光

闪烁不定，回避你的眼神；或是脸上长时间保持微笑，而你们的谈话并没有特别引人发笑的内容；说话时没有多余的小动作，眼角却习惯性地向左扬起，斜眼看人；目光冷酷犀利；笑里藏刀；等等。下面就小人几种常见的表情来作一一分析。

1.未语先笑

有的人习惯于还没有开口说话就开始笑起来，并且笑容显得很奇怪。一般来说，有这样笑容的人大多心里隐藏着某些不能告人的秘密。他们在交谈的过程中，脸上总是长时间保持着微笑，而实际上你们的谈话内容并不是特别引人发笑的。而他这样的表情，明显是有撒谎的嫌疑，他有可能并没有认真听你讲话，只是做出微笑的样子来敷衍你。在他们心里，也许正在算计着什么，或许正在对你打什么坏主意。如果你身边有这样的人，一定多多提防，以免上当。

2.喜欢斜眼看人

有的人喜欢在说话的时候，眼角习惯性地向左扬起，斜眼看人。他们在讲话的时候，不喜欢和你的视线进行直接接触，而是斜眼看着你。有时候，当你试图把视线转向他的时候，他就会快速地转移视线看看天花板或者看看窗外。但是一旦你把视线移开了，或者专注于自己讲话，他就会偷偷地斜眼观察你的一举一动。他似乎是希望通过对你细致地观察，来了解你的内心活动，能够通过主动迎合你的想法来博取你的好感，进而达到他不可告人的目的。

3.目光冷酷犀利

对于这一表情特点，在历史上有一个代表人物，那就是三国时期的

司马懿。常言道："谁笑到最后，谁笑得最好。"在《三国演义》中，笑到最后、笑得最好的既不是曹、孙、刘三家君王，也不是智者诸葛亮，而是司马懿。而司马懿最常见的表情，就是三步一回头，那冷酷犀利的目光直刺得你心寒胆颤。在我们日常生活中，也不乏这样的人。他们总是在你面前隐藏他那犀利的目光，而在你看不见的角落，他就会用那极端冷酷犀利的目光注视着你。即便是不知道目光来自何处，你也会有那种不寒而战的感觉。

4.笑里藏刀

在我们身边，有很多笑里藏刀的人。他们总是试图与我们保持一种亲密的关系，或是投其所好地说一些让人高兴的话，或是假装与我们在某个地方有着极为相似之处，或是平时喜欢给我们一点小甜头。他们看起来就好像是一个很值得信赖的朋友，可是当遇到重大事情的时候，他们就会隔岸观火，幸灾乐祸，甚至企图恶意中伤你。

一般来说，这类人的笑容很假，他们往往用那些伪装过的笑容来博取你的好感，因此他们的面部表情会显得极不自然。你在平时的生活中，要善于去分辨哪些是真诚的，哪些是虚假的，再通过一些行为举动来辨别出他们内心的想法。

其实，无论是在生活中，还是在工作中，都存在着形形色色的小人，这就需要我们善于通过对方伪装的表情来看透对方的真实意图。以上是小人用来掩饰自己的几种常见的表情，当然，小人们用来掩饰自己的表情还有很多，这就需要我们在现实生活中练就一双慧眼，通过敏锐的观察力和洞察力去揭开他们的真面目。

第08章

认知微行为：人为什么会做出这样的举动

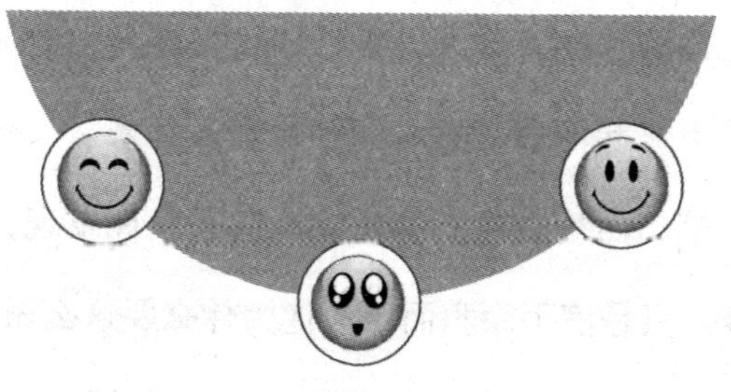

在我们的日常生活中，我们身边的每个人，都有一些习惯性微行为，比如，一边打电话一边信手涂鸦，有的人喜欢把发票揉成团，喜欢自言自语……这些看似不经意的小动作，其实都是一个人内心活动的显现，从这些小动作入手，也许能帮助你或者身边的人作个更全面的心理健康评估。

你为何喜欢边打电话边涂鸦

你有没有这样的感触：这天上午，你正在办公，对面办公桌上的电话响了，你的同事拿起电话，然后和客户交谈起来。大概过了几分钟，你的同事拿起了笔，然后在纸上随便涂画起来，你发现，他并不是在记什么重要的内容，只是信手涂鸦而已。他为什么要这么做?

这种无意识中消除紧张或不安的举动，心理学称为“代偿行为”。代偿行为亦称“补偿行为”，当一个人不能采取特定的行为满足需要而用其他行为满足需要时，这种行为就是代偿行为。

它大体可以分为：关于对象的代偿；关于手段的代偿。

所谓对象的代偿，就是目标A用目标B来代替，如对音乐的热衷因为得不到栽培而用美术活动来代替；手段代偿，就是手段A用比较容易的手段B来代替，如一个学生会故意采取一些古怪的方法吸引老师的注意力。当然，大多数时候，这两种代偿是交叉使用的，并未有明确的界限。

代偿行为在多大程度上对原来的需要起了代偿的作用，叫代偿价。代偿价由需要的种类、强度、复杂度以及原来的目标与代偿目标的类

似程度等许多因素所决定。代偿行为有时也以空想的、言语的形式表现出来，有时通过习惯化可以代替原来的目标而使人对原来目标的兴趣减退。

除了上面所说的涂鸦外，人们还可能一边打电话，一边反复地把桌子上的东西从左边移到右边，再从右边移回左边，甚至干脆开始整理自己的桌子。其实，这些行为的背后隐藏着同一种心理状态。

例如，打电话时，对方因为愤怒而不停地向我们咆哮，我们恨不得马上把电话挂断，但有时又不敢这么做，于是便会产生精神压力。为了减轻自己的精神压力，我们的手会无意识地动起来，以便给大脑一些刺激。然而，和好朋友打电话打得非常高兴时，基本上不会出现代偿行为。这也可以从侧面证明，代偿行为的目的就是缓解精神紧张。我们再来看下面的故事：

老杨和老马是研究生时代的同学，毕业后又到同一家研究所工作，两人关系不错。

从工作开始，老杨就勤勤恳恳地工作，他为人正直，工作上进，但尽管如此，获得尊敬的他一直没有如愿评上工程师职称。

刚开始，单位的理由是需要工作年限，但等到年限够了，新的条件又出来了，如要过专业英语多少级之类。老杨的性格一下子变了。他的脾气也不是和和气气的了，因为一件小事就可能跟人吵起来，无论是他周围的同事，还是家里的妻子女儿，都成为他发泄的对象。

而老马就不这么想，虽然没被评上职称，但情绪可比老杨乐观洒脱得多。

老马说：“一开始我也很苦恼，可是仔细想想，事已至此，何必苦恼，要是发牢骚，家里家外都搞得好紧张。我从来没有不相信自己，我现在开始自费学习英语了，要是以后评不上了，我就去搞民办科技实体。最近我还在撰写一部丛书。这使我有更多的话题去交更多的朋友。这时再看，那些先评上工程师的人，有的却已泄了劲，没有了压力，生活得并不比我更愉快。”

同样一件事，老杨和老马两个人的态度完全不同，这除了因为他们彼此有不同的性格、志趣等之外，还与他们处理障碍的态度不同有关。老杨只有一个寄托——评职称，而且是始终不可变更的。这就将他限制在一个很小的范围，令其整日为此担心发愁，错过了很多其他可能的机会。他这样做，等于是把自己喜怒哀乐的决定权交给了别人。而老马却有很多寄托——评职称、学习英语、参加朋友聚会等。职称评不上，他还可以有其他的东西作为代偿。别人决定的事听凭自然，而他去做自己可决定的事，去寻找自己的快乐，并向未来投资，使自己将来的发展道路更宽。

除了打电话时信手涂鸦外，我们还需要注意的是，在约会时你的对象的手部动作。在冷饮店，反复摆弄吸管；在咖啡厅，没完没了地用勺子搅拌咖啡；在饭店里，把一次性筷子的包装袋折得很小……这些都属于代偿行为。如果您约会的对象出现了类似行为，那您可要注意了。

约会时，如果发现对方出现了代偿行为，那说明他（她）感到很无聊，对这个约会不怎么感兴趣。不过，对方并没有清楚地意识到自己内心的无聊感，做出代偿行为也是无意识的。如果我们不想办法吸引对方

的注意力，他们的代偿行为将会一直持续下去。在这种情况下，如果通过改变话题还不能吸引对方的话，就要想方设法引导他（她）说话，或者干脆换个地方约会。

当一种愿望无法得到满足，人就会有用其他愿望来代替它，并转向其他活动的倾向。当人遇到难以逾越的障碍时，往往会放弃最初的目标，通过实现类似目标的办法，谋求愿望的满足。这种做法叫作代偿行为。

喜欢照镜子是因为长得好看吗

在生活中，我们发现不管是长得好看还是长得不好看的人，不管是男人还是女人，他们都有一个最大的共同点，那就是喜欢照镜子，喜欢关注镜子里的自己。比如，我们经常会在商场的卫生间里，看到一些爱美的人士就好像占领地盘一样长时间地站在镜子前，对着镜子整理自己的头发，或者补补妆。有时候，我们甚至会发现，她们只是站在那里摆弄姿势，或者对着镜子里美丽的容颜自我陶醉。但是，他们这样做会给站在后面的人带来极大的困扰：这人怎么总是霸占着镜子呢？或者旁边的人会说：这人也太自恋了吧！在很多时候，我们都特别关注镜子里的自己的一笑一颦，甚至对着镜子自言自语，好像在跟一个熟悉的朋友聊天。在这时候，我们内心是满足的，有一种超越残酷现实所带来的优越感。

自恋的英语是Narcissism，这源自于希腊神话里的人物

“Narcissism”。Narcissism是一位因痴迷自己的容貌最终溺死的青年。他的例子启发我们，假如你过分注意自己形象，就会像Narcissism一样，变得自我陶醉，最终被自恋所吞噬。

当然，自恋的人对自己的形象十分敏感，也非常在意别人对自己的评价，还伴有自卑感。此外，过度沉迷于镜子中的自己，也是逃避现实的一种表现。其实，自恋的人之所以在意别人的评价，就是想得到别人的正面评价和肯定，以此确认自己的存在价值，从而满足精神上得到尊重的需要。

举个简单的例子：在心理学中，有一种积极的心理暗示。也就是说，当我们在生活中遭遇痛苦的事情，导致我们脸上无表情或表现出十分沮丧的样子时，如果你对着镜子给自己一个微笑，那么你会发现，在对着镜子微笑之后，你那原本紧皱的眉头会舒展开，嘴角也会上扬，因为如花的笑颜会给我们忧虑的心带来暖暖的感觉。这就是积极的心理暗示所带来的心理作用。换言之，那些喜欢照镜子的人更愿意沉浸在镜子这个虚幻的世界里，假如现实生活给予了自己不幸的经历，那他们就很容易通过沉溺在镜子里的自己来找回自信。

但是，有的人过分关注镜子中的自己，以至于他总是逮着机会就照镜子，不管是遇到商场里的穿衣镜，还是路边停着车的黑色玻璃，甚至是一块能折射出模糊影像的白色玻璃，都会成为他产生照镜子行为的原因。这样的人其实潜意识里是在逃避现实，因为现实中的种种不如意，使得他们把自卑、懊恼的情绪压抑在心里，只有一遍遍地看镜子里的自己，他们心里才或多或少有些安慰。

从心理学角度说，被人认可和肯定是我们正常的精神需求。在生活中，每个人都渴望被人肯定，那是一种自我价值的实现，如果得不到别人的肯定，那就会产生一种很糟糕的感觉。在这一点上，我们应该是坦然承认的。

在生活中，我们不要看到有镜子的地方就凑过去，因为只有在合适的时间地点，得到合适的需求满足，才是一个社会个体负责任的行为方式。

戴墨镜其实是没底气

生活中，我们看到很多名人会在公共场合戴墨镜，我们对此也表示理解，戴墨镜不仅能让他们免除很多烦恼，还会让他们显得更酷。然而，从心理学的角度看，戴墨镜其实是内心没底气的表现。与人打交道的过程中，总是带着墨镜也是不利于人际交往的，还会给对方带来不适感。

不得不说，一些人之所以戴墨镜，是为了更好地隐藏自己。在美国大片中，那些特工总是戴着墨镜，这样做一来人们无法看见他们在看什么，二来可以使他们看上去不够友善，他们也因此不用再对付许多想要接近他们的人。也许还有第三个可能的原因：他们戴墨镜是要让自己有威慑力，看上去更有操控权，更具威严。

这种情况下，戴墨镜可不是什么坏事，尤其当你的目的是要隐藏自己的时候。如果对手无法看见你在看哪里，那么眼神碰撞的机会就少了，在牌桌上产生激进行为的概率也小了。而且，要是你看上去不友善，那么其他玩家要和你交谈的可能性也小了，这正是要掩饰自己、不暴露任何信息的玩家想要的结果。最后，如果你可以在牌桌上保持一副威慑的形象，其他玩家也不太可能和你玩情绪游戏，就让你戴着“斗篷”继续掩饰自己好了。

当然戴墨镜还有其他的理由。墨镜可以遮挡住许多由眼睛暴露的“马脚”，比如，瞳孔的放大和缩小（绿色和蓝色眼睛的人尤为明显），眼窝的变化，还有眉毛变化，等等。

但单从心理学的角度看，那些没有特殊原因而经常戴墨镜的人，通常是不自信的。我们不妨先来看下面的故事：

刘女士经营着一家自己的皮具公司，因为经营有道，她的公司生意红红火火。但最近，刘女士在国外的丈夫的事业做得更好，希望她能过去帮忙，并且已经为她办好了移民。在这种情况下，刘女士只好着手把自己的公司转手。在和几个收购公司几轮谈判之后，她看好了一家实力较好的公司，这家公司负责谈判的人姓王。最终，刘女士想再和这家公司谈谈收购价格的事。

这天，双方再次坐在了谈判桌前。刘女士满以为对方会接受自己提出的收购价。谁知道，谈判进行到一半的时候，姓王的经理却被手下人叫了出去。一阵嘀咕之后，对方又走了进来。

“王经理，发生什么事儿了吗？”刘女士问。

“是这样的，刘总，外地有一家我们之前想收购的公司，他们一直

不肯合作，现在他们公司出现了火灾，目前正打算低价卖给我们，既然这样的话，我们自然愿意收购这家实力很雄厚的公司。当然，刘女士您也很有诚意的，如果您在价格上再让步一点的话，我们也不会再费精力去与那家公司谈……”王经理一连串说了很多话，刘女士静静地听着，她哪里会轻信这些话，因为她注意到这一点——这位姓王的负责人第一次与她交谈的时候目光坚定，而再回到会议室后，却戴了副墨镜。以自己多年的看人经验，刘女士明白，这位经理是因为心虚才戴墨镜的，他说的这番话中，肯定有猫腻儿。天底下巧合的事是有，但这也太巧合了，这家公司的火灾怎么来得那么是时候，于是，刘女士说：

“王总，您看这样行不行，这事我一时半会儿也敲不定，我先跟我的几个董事商量一下，会尽快给您回复的。”听到刘女士这么说，对方也自然答应下来。

其实，刘女士这么做，是为自己赢取时间作调查。果然，不出刘女士所料，所谓的外地某皮具公司失火的事，只是对方编造出来的一个幌子而已，为的是杀价。在得知这一消息后，刘女士很快给这家公司回应：“真对不起啊，几个董事商量了一下，还是觉得这个价格已经很公正了，如果您觉得不能接受的话，那么我们也很抱歉。”对方的答复果然也如刘女士所料——他们答应以刘女士开出的价格收购这家公司。

故事中，我们不得不佩服刘女士的看人能力，在对方使出了一点小伎俩以图杀价时，她并没有自乱阵脚，而是气定神闲，从对方一个小小的举措——戴墨镜中看出对方心虚撒谎，进而做出新的应对策略：争取时间调查对方所说是否属实，最终又赢回了谈判的主动权。

可见，那些喜欢戴墨镜的人，乍一看很酷，其实，他也许只是想要隐藏自己的软弱。美国的实验表明，给那些口吃或者不能流利表达的人戴上墨镜，他们就能够更流畅地在众人面前讲话。

专家认为，不让对方看到自己的眼睛，同时，自己可以频繁地观察对方的举动，戴墨镜的人因此处于心理优势的地位。也就是说，这些人如果不给自己戴上墨镜、在心中筑一道防线的话，就无法和对方进行深入地交流，这是克服软弱的招数。

人们常说，眼睛是心灵的窗口。与人交往，如果你总是带着墨镜，那么你的窗户就拉上了窗帘。别人看不到你的眼睛，就不知道你在想什么，想说什么，也无从了解你，对方会感到不适，同时也不愿意相信你，那么心与心之间就不存在交流了。所以，与人打交道时，目光交流是最自然、最好的方式。如果你想与人进行“心”的交流，千万别为了摆酷而戴上墨镜。

自言自语其实是自我放松的一种方式

生活中，我们都知道，一些精神病人都有一个症状，那就是自言自语，他们有的独自讲话，有的喃喃自语，有的宛若亲友在旁滔滔不绝。因此，当我们发现某个人旁若无人地自言自语时，便认为他在发“神经”，认为他是脑退化或者心退化。

而实际上，从心理学的角度看，自言自语的现象在正常人中也存

在，单纯的自言自语不一定是病态，从某种意义上说，这反而有利于身心健康。我们可以说，自言自语其实是人的一种自我解压的方式，也就是说，如果你也有这样的习惯，不要恐慌，这不是什么精神病。我们不妨先来看下面一个故事：

琪琪已经15岁了，刚上高中，进入新的环境，她和同学们相处得很融洽，学习也很刻苦。新学期的期末考试要到了，琪琪突然觉得压力很大，同学们经常看见琪琪一个人喃喃自语，吃饭的时候一个人说话，打开水、洗澡、睡觉的时候都会说，同学们都很害怕，把这件事告诉了琪琪的父母。

后来，母亲不得不带琪琪去看心理医生，在和医生交流后，医生对琪琪的母亲说："其实没什么大问题，孩子会自言自语，是她能自我调节的表现，孩子学习压力大，如果闷在心理，倒更容易出事。"听到医生这么说，琪琪和她的母亲都放心了。

生活中，可能不少人都会和故事中的琪琪一样，偶尔会自言自语，由于自言自语常多表现在精神病人身上，所以长期以来，人们总觉得那些自言自语的人都是不正常的。其实，每个人都可能出现自言自语的情况，现代心理学认为自言自语是一种最健康的解决精神压力的方法，是一种行之有效的精神放松术。

心理学家研究认为，自言自语是消除紧张的有效方法，可以有效地发泄心中的不满、郁闷、愤怒、悲伤等不良情绪，有利于消除紧张，恢复心理平衡。当你忧虑重重时，若有机会听听自己的谈话，可能使你拓展思路，变换考虑问题的角度，减少钻牛角尖的机会。

心理学家的研究还总结出，自言自语能使人：①保持镇静。自言自语的音调有一种使人镇静的作用，有一种安全感。调整思绪自我大声对话，可以调整大脑中紊乱的思绪，尤其是在紧张、劳累时。②缓解矛盾。自言自语有利于澄清问题的是非，缓解矛盾冲突，比较各种解决方法的利弊，避免盲目冲动。③消除不良情绪。许多不良情绪如焦虑、紧张、忧虑和担心，若能讲出来，压在心中的石头就会被搬掉，从而达到心理平衡。④改善睡眠。冥思苦想和各种不良情绪可导致和加重睡眠障碍，自言自语可终止思虑，减轻消极情绪，从而达到改善睡眠的目的。⑤改善社交能力。各种消极情绪会影响人的社交能力，使社交能力受损，质量下降。自言自语能疏泄不良情绪，使心理保持平衡，进而提高社交能力。因此，自言自语有时是一种健康的解决问题的方法，不能不加判别地认为这都是病态。

总之，面对自言自语，我们应该判断那是正常的自言自语还是精神疾病。正常的人自言自语是由于思考问题所致，而长期精神压抑或抑郁的人是在精神恍惚的状态下，产生幻觉，在幻听中与实际不存在的人进行言语沟通。

可见，只要不是与幻觉有关的自言自语，就都是正常的。良好的自我交谈可以有效地发泄心中的不满、郁闷、愤怒及悲伤等不良情绪，有助于消除紧张，恢复心理平衡。当人们思虑重重时，若有机会听听自己的谈话，并对自己提一些问题，那么从一个角度看问题或钻牛角尖的可能性就会减小。

每个人都有多重性格，当人们遇到棘手的问题、内心出现矛盾的时

候，各种不同的性格之间就会展开斗争，这也就是人们的思考过程。有些人的斗争是在内心进行的，也有人会不自觉地对自己说出来，这就是人们所说的自言自语。另外，当一个人专注于某一事情、完全沉浸在对这件事的思考之中时，就会不自觉地自言自语。

为什么一些人喜欢把小票或发票揉成团

生活中，我们可能经常会看到这样的现象：在超市或商场的收银台，一些人会把结账时的小票或者发票使劲揉成团或者撕成碎片。心理学家称，一般来说，这类人的精神压力比较大，小票或发票就是他们发泄的对象。

我们在日常工作和生活中难免会遇到一些不顺心的事情，不愉快的情绪如果没有及时得到排解，将会有害身心健康。而且，假如，我们凡是遇上不顺心的事情，就将自己不快的情绪发泄到家人或朋友身上，又会伤害身边最亲近的人，甚至影响家庭或同事间的和睦关系。因此，对于大多数人来说，他们都会寻找情绪的宣泄方法，其中，就包括把发票或者小票揉成团。当然，这是他们无意识的行为，这样的方式似乎能让情绪平静一些。这些借助其他方式来发泄情绪的行为，心理学称为“转移行为”。

把情绪发泄到小纸片上，虽然不能从根本上解决问题，甚至也不能给人带来多大的快感，但很多人就是忍不住要这么做。

可见，找到适当的方式确实有助于消解精神压力。

转移行为的具体形式因人而异，而且即使是同一个人，在不同情况下使用的发泄方式也不同。比如，电影中，我们会看到一些夫妻，因为小事吵架后，会把盘子、杯子摔得粉碎，这就是转移行为的一种。但因为盘子、杯子是与矛盾完全没有关系的事物，所以这也可以说是一种乱发泄。

的确，每个人都会产生不良情绪，这很正常，我们不要把这些情绪压抑在心中。因为一味地压抑心中不快，只能暂时解决问题，负面情绪并不会消失，久而久之，就可能填满我们的内心世界，使我们的身心越来越疲惫。因此，除了自我调节和消化外，我们还应该给不良情绪找个宣泄的出口，让它尽快释放出来，正所谓“堵不如疏”，将负面情绪降到最低程度。

每个人都会对身边的事情产生一些负面情绪，但自控能力强的人善于以正确的方式排解心中的不快，而不是将情绪传染给身边的人，让他们成为自己情绪发泄的对象。面对情绪，我们可以通过开阔视野的方法，把情绪放走。

那么，我们该如何修炼自己平和的心性，避免情绪化呢？发泄自己的不良情绪，有很多方法：

第一，倾诉法。

当你心情不好时，可以找自己最信任的朋友倾诉，但你最好找那些比较冷静、理智的朋友，因为他们能给你提出一些疏导情绪的意见。

第二，摔打安全的器物。

如枕头、皮球、沙包等，狠狠地摔打，你会发现当你精疲力竭时，内心是多么畅快。

第三，高歌法。

唱歌尤其是高歌除了愉悦身心外，还是宣泄紧张和排解不良情绪的有效手段。

第四，环境调节法。

心情不好或感到压力大、郁闷不乐时，你可以走出办公室，走出家，去大自然中呼吸新鲜的空气，这样，我们的紧张心绪往往就能很快得到舒缓。如果有条件，还可以进行短期旅游，从而彻底放松自我。

第五，注意力转移法。

当出现不良情绪时，可以将注意力放到其他事情上去，做自己喜欢做的事，比如，打球、上网、跑步等，从而将心中的苦闷、烦恼、愤怒、忧愁、焦虑等不良情绪通过这些有情趣的活动宣泄出来。

心理学家认为，“在发生情绪反应时，大脑中有一个较强的兴奋灶，此时，如果另外建立一个或几个新的兴奋灶，便可抵消或冲淡原来的优势中心。”我们因为某件不顺心的事情烦躁、暴怒的时候，可以有意识地做点别的事情来分散注意力，缓解情绪。

在日常生活中经常难以自制地做出转移行为的人，多属于性格敏感型。他们容易积压精神压力，也容易忧虑。一个成熟的人应该有很强的情绪控制能力。无论遇到什么事情，哪怕是违背自己本意的事情，都得控制自己的情绪，不能有过激的言行。唯有如此，才能成就大事，从而完成自己的目标。

抢着埋单是什么心理

在我们生活的周围，有这样一类人，他们性情豪爽，天生爱请客、爱埋单，常常对周围的人说“这次我请你们”，或者说“想吃点什么，随便点，今天我请客”。当他们表露出请客的欲望的时候，那种自豪感和满足感显得尤为突出。那么，他们为什么那么喜欢抢着埋单呢？我们先来看下面的故事：

周波是一名电脑程序员，从毕业到现在已经工作五年，月入八千。在二线城市，他这一收入情况应该已经存了一笔钱，但实际上，周波并没有，因为他特别慷慨，总是喜欢请客。

周波没有女朋友，因此只要一下班，他就喜欢约上几个同事或者朋友去酒吧玩。通常情况下，都是由周波埋单。其实，大家收入差不多，也都是单身男青年，对于这类吃吃喝喝的消费完全可以AA制，最初同事也都建议说费用大家一齐平摊，但是，每当埋单的时候，周波就显得特别热情地说：“我来吧！今天玩得很高兴，我请客！”

久而久之，大家似乎都形成了一个习惯——只要周波抢着埋单，大家也都不跟他争了。有的同事觉得有便宜不占白不占，并且乐意享受这样的待遇；还有的同事感觉老是小周一个人埋单，显得矮人一截，于是干脆在下次出去玩的时候找借口避开了。

而周波本人呢？他其实也是有苦说不出，由于自己太爱面子，喜欢打肿脸充胖子在同事面前表现得大方慷慨，现在的他经常出现不到月中就已经入不敷出的情况。而正因为如此，他也常常被父母责骂。

从周波的经历中，我们大概能看出那些爱请客、爱埋单的人的心态。其实，他们之所以如此豪爽，是因为他们在请客时内心获得了一种满足感，大多数时候，他们的经济条件并不比别人更好，但一到请客的时候，他的那种虚荣心就能得到满足。

一般来说，这类爱请客的人还有以下一些表现：他们似乎总是能找到一些请客吃饭的理由，比如，有事相求于朋友、联络感情等。甚至有些时候，他们根本找不到请客的理由，大家也提议AA制消费，但他还是露出极为不高兴的神情，然后并责备说："你真是太见外了，太客气了，我付还不等于你付啊，大家都是自己人！"并且，从他说话的口气中，我们能真切地感受到他所说的话是充满诚意的，是充满自豪感的，但也许我们并不知道，他的经济情况已经不允许他这么做了。

我们其实也明白，一个人有能力为大家埋单证明了一点——他有足够的金钱，有足够的经济能力，他绝不会比别人差，所以，大凡喜欢经常请客的人，往往都拥有一种强烈的自我满足欲望。

既然有人埋单、有人请客，那么就一定有被请的人，其实，他们的心理也是微妙的、不尽相同的。这分两种情况，一种是吝啬鬼，他们觉得只要有人请客，那就应邀参加，不吃白不吃、不喝白不喝；还有一种，他们在接受了别人的邀约后，也会有一种不如人的感觉，因此，刚开始他们可能会高兴赴约，但久而久之，他们宁愿找借口推掉也不愿享受这种心灵的煎熬。第二类被请客的人，他们的这一心态其实与请客者是相同的，都是希望自己能充当保护者的角色。这一点，与过度保护孩子的母亲的心理非常类似。

我们不难发现，有一些这样的母亲，她们对自己的孩子非常好，几乎是包办了孩子所有的事。她们除了要工作和打理家务外，还要为孩子做所有的事，她们很辛苦，但她们很享受这样的过程。表面上看，她们是在保护孩子，但其实，她们是利用这种行为来保护自己。因为她们在以前也享受过这种被人呵护的感觉，现在仍然在追求那种心理状态。因此，当她们当了母亲后，她们便把孩子当作保护的对象，以此来满足自己的欲望。根据这点，我们可了解，这样的母亲看似疼爱孩子，其实更爱自己，因为唯有如此才能使她们神采奕奕。

同样的道理，那些喜欢请客的人，表面上看，请客的他们是热心的，但其实，这只不过是他们为了满足自己的虚荣心而已。所以，喜欢请客的人，和喜欢被人请的人凑在一起，彼此就各得其所，分别得到满足了。

我们生活的周围总有一些爱请客的人，其实，归根结底，他们是想从请客的过程中获得一种满足感。了解了他们的心态后，我们应抱着理解的态度与之相处，只要他们不是另有所求，大可接受他们的好意。这样，可以说是皆大欢喜。

第09章

一举一动：都会呈现你的心理奥秘

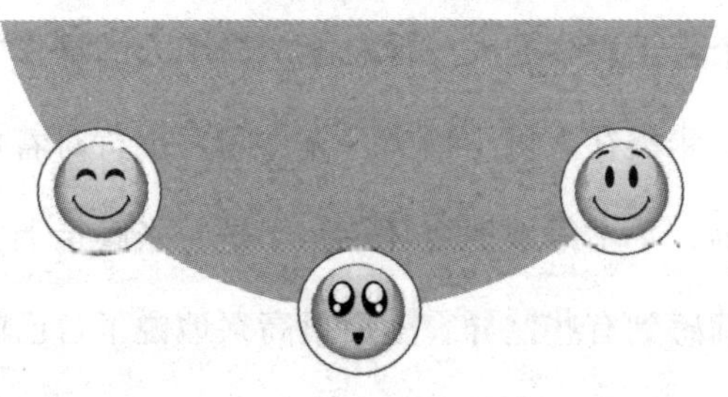

生活中，我们每个人在说话、做事时都伴随着一定的个人特色习惯。而实际上，我们每个人一举一动的背后，都隐藏着一定的心理秘密，揭开这一秘密，能让我们更全面地了解自己。同时，我们需要注意的是，揭开他人行为背后的秘密，也有助于我们了解他人，轻松交际。

不停抓耳朵，是内心焦虑的体现

张震是一个善于观察的人，他总能从周围人的动作中解读出其中的意思。有一次，张震在上班中抬头，无意间发现背对着他的莉莉正在紧盯着自己的电脑，手不停地抓挠耳朵。于是，张震走上去询问莉莉是否需要帮助。莉莉感到有些诧异，随后很高兴地说了自己的需求。原来，莉莉是一位新人，她对图像的处理还不够熟练，刚刚遇到了一个高难度的技术问题，自己想了很久也没想出解决方法，而这个问题对于公司元老张震来说不算什么，所以，很快张震就帮她解决了。

张震只是在背后看了莉莉一眼，怎么就知道莉莉遇到困难了呢？没错，就是莉莉不停抓挠耳朵的小动作泄露了她的内心。

从心理学的角度来说，人在内心焦虑的时候会有一些坐立不安的动作，这些动作可能是不停地挠头，也可能是不停地抓挠耳朵。

人们在紧张、焦虑、不自信或考虑问题等多种时候都会不自觉地摸耳朵，说谎时也会，就像挠头皮一样自然，也就是这些很自然的小动作道出了莉莉连自己都还没有发现的秘密。正所谓“说者无心，听者有意”，做者无心，看者有意，透视心理的人往往善于观察小动作。

李阳在某家公司做空调推销工作，最近，他遇到了一个难题：在向某公司推销空调时，公司负责人把决定权交给了一名技术顾问——李老师。经过考察，李老师私下表示，两种厂牌，各有优缺点，但在语气上，似乎对竞争的那一家颇为欣赏，李阳知道问题出现了。于是，他准备进行最后的努力，他找了个机会，口沫横飞地说明他所代理的产品如何地优秀，设计上如何地特殊，希望借此改变李老师的想法。谁知道，在他讲述的过程中，细心的他发现了李老师的一个小动作——用手不停地抓耳朵。李阳明白，这个动作是不耐烦的表现，于是，他改变谈话策略，赶紧说："李老师，真对不起，今天打扰您很久了，我只顾着说，也忘了问您还是不是有事，要不改天我再来拜访您？"听李阳这么说，李老师立即停止了抓耳朵的这一动作，并且主动提出："那行，下周一下午我有时间，你再来我办公室谈吧。"

于是，李阳重整旗鼓，再次拜访李老师。见了面，他一改自己的说话习惯，对李老师说："李老师，今天我来拜访您，绝不是来向您推销。过去我读过您的大作，上次跟老师谈过后，回家想想，觉得老师分析得很有道理。老师指出我们所代理的空调在设计上，确实有些特征比不上别人。李老师，您在××公司担任顾问，这笔生意，我们遵照老师的指示，不做了！不过，李老师，我希望从这笔生意上学点经验……"李阳说话时一脸的诚恳。

李老师听了后，心里又是同情又是舒畅，于是带着慈祥的口吻说道："年轻人，振作点，其实，你们的空调也不错，有些设计就很有特点。唉，我看连你们自己都搞不清楚，譬如说……"李老师谆谆教导，李阳洗耳倾听。这次谈话没过多久，生意成交了。

一般而言，抓挠的动作都表示内心的焦虑不安，挠耳朵亦有这个含义，经常会在某种紧急情况下出现，如考生在考试即将结束前，就经常会做出这个动作，这显示了他内心的紧张和不安。因此，面对这种情况，我们应该懂得从中窥探出对方的心理，及时给予帮助，或者是灵活转变当下的交谈对策，这样你才能做好交流工作。

那么，挠耳朵到底能看出对方什么样的情绪呢？

1.思考问题

很多时候，有些人在思考问题的时候总是下意识地摸摸自己的耳朵。摸耳朵这个动作代表的意思是“我正在想”，不过，这是一种因为不同意你的观点而引发的思考。因为不认同你的想法，所以，他正思索着自己的观点，并酝酿着将其表述出来。

2.内心紧张不安

和触摸鼻子的手势一样，抓挠耳朵也意味着当事人正处在焦虑的状态中。很多人在步入宾客满堂的房间或者经过熙攘的人群时，常常做出抓挠耳朵和摩擦鼻子的手势。这些动作显示出他内心紧张不安的情绪。

3.心理上的抗拒

若对方用拇指和食指不断摩擦自己的耳朵，并将脸转向一侧，说明他对这个话题不感兴趣，正以摩擦耳朵的动作表示抗拒。其实，这个动作的雏形，是儿时为了逃避不想听到的命令，用手堵住自己耳朵的举动，成年后，为了保留他人的颜面，才演化成了摩擦耳朵。

摸耳朵也是小孩子撒谎时常做的动作。除了摸耳朵之外，有的孩子也会揉耳背、拉耳垂或把整只耳朵拗向前面掩住耳孔。之所以这样做，一是下意识地为了掩饰紧张，二是自己或许也怕听到自己的谎言。

从习惯动作透视对方内心世界

每一个人都会有些与众不同的习惯性小动作，这种小动作被形象地称为“身体语言”。比如，有人喜欢挠耳朵，有人喜欢咬嘴唇，有人喜欢摸肚子，有人喜欢皱眉头……或许大家觉得这些只是一些生理习惯而已，其实你真的小瞧了这些习惯，因为这些小习惯里面暗藏着很多的心理秘密。你可以通过这些习惯动作窥探对方的心理，同样，稍不留神，你的习惯动作也会被他人研究。

浩宇现在是越来越崇拜自己的妻子乐乐了，因为他发现每次他撒谎的时候，乐乐总能看出来。

一个礼拜五的下午，浩宇想起来好久没有跟一帮哥们儿聚了，就打个电话给乐乐说他晚上要加班，下个礼拜一要赶着交差呢。乐乐答应了，叮嘱他不要工作得太晚。

浩宇这可高兴坏了，赶紧打了电话找了四五个朋友去喝茶打麻将了。这个晚上过得可真开心，没人唠叨，没人不让抽烟，没人老拖着你跟她一起看无聊的肥皂剧。为了到家好跟乐乐交代，浩宇咬咬牙一口酒也没喝。

差不多十一点，浩宇准备走了。走的时候还专门检查了一下身上有没有什么蛛丝马迹，彻底检查完了之后，浩宇进家门了。乐乐已经睡了，他也就赶快睡觉了。浩宇想，乐乐还挺好骗的，下次还用这招。

第二天早上吃早饭的时候，乐乐问："昨晚累坏了吧，工作都忙完了吧，不管多忙你可得注意好身体，别太硬撑了，加班的时候注意吃饭。"

浩宇说："是啊，最近公司事太多了，累得我够呛。"

乐乐忽然笑了，说："老实交代吧，昨天晚上到底去哪鬼混了，还想骗我？"

"哪有，我就是加班啊，你不信问我同事，真的，没骗你啊。"

"好，可以，我这就给你公司同事打个电话问问。"

浩宇只好承认了："哎呀，让你问你还真问啊，我招还不行吗？不好意思啊老婆，我昨晚跟我那几个兄弟聚了聚，没加班，怕你不高兴才撒谎的。"

事情败露的浩宇闷闷地吃着饭，他知道自己今天一天只能靠陪乐乐逛街赎罪了，不过心里还是直犯嘀咕：女人的直觉可真准啊！

乐乐看着浩宇疑惑的表情，偷偷笑了，其实她一点都不知道昨天浩宇骗她了，不过是在今天早上随口问他的时候，浩宇摸了好多下鼻子，这才让乐乐起了疑心。因为，浩宇一紧张，他的小动作就是摸鼻子。

手舞足蹈说的是人高兴时的手足动作，抓耳挠腮说的是人着急时候的样子，张牙舞爪说的是人凶恶的表现……从中不难看出身体动作作为表达情感的辅助工具，也可从中窥出一个人的性格特征。所以要想深入了解他人的真情实感，可以从细心留意他们的一举一动入手。这里，我们为大家介绍几种典型的习惯动作：

1.特别喜欢“摇头”或“点头”

有些人经常“摇头”或“点头”以示自己对某件事情看法的肯定或否定。他们在社交场合很会表现自己，看似左右逢源，却时常遭到别人的厌恶，引起别人的不愉快。但是，经常摇头或点头的人，自我意识强烈，工作积极，看准了一件事情就会努力去做，不达目的誓不罢休。

2.说话时弹烟灰或玩弄其他物件

当你去朋友家做客时，虽然主人依旧和你像往常那样天南地北地神侃，但是你如果发现他不停地弹烟灰或者用手指像弹钢琴般地轻敲椅子扶手，或者不时移动一下桌子上的东西，那么，此时你最好站起来告辞，因为这都表示他开始感到心烦意乱，希望你离开了。

3.喜欢直盯着别人看

这种人性格中的支配欲望特别强，因此一旦有机会，就会向别人展示自己。同时，他们不喜欢受约束，经常我行我素。好在这种人比较慷慨，因此他们周围总会聚集一些朋友。当然，朋友有真心的，也有看中“酒肉”的。

4.说话时爱捂嘴

有的人与人交谈时，经常会下意识地捂住自己的嘴，这是害羞情绪的体现。这样的人，不善于在别人面前展示自己，害怕出状况，经常会用这样的小动作来掩饰自己内心的不安。

5.喜欢抖动腿部

喜欢用腿或脚尖使整个腿部颤动，有时还用脚尖或者以脚掌拍打地面，这样的人大多很懂得自我欣赏，有一些自恋情结。但他们比较封闭和保守，在与人交往中会有所保留，并且不太容易与他人建立良好的关系。

人的习惯与其心理、性格之间的关系非常密切，它们深深地揭示了性格的原本面目，是性格的一面镜子。只要留心观察，我们便不难发现，人们的许多秘密都是从习惯动作上流露出来的。亦如托尔斯泰所说："习惯是开启心灵的钥匙。"

习惯性睡姿表明了什么

心理学家告诉各位，观察和了解一个人的性格有很多种方法，但找到一种最好的方法并不容易，睡姿是其中的一种。一个人的睡觉习惯，是一种直接由潜意识表现出来的身体语言。一个人无论是假装睡觉还是真正熟睡，其睡觉习惯都会显示出他在清醒时表露在外和隐藏在内的某种思想感情。

下面就介绍几种常见的睡觉习惯，以便你可以通过睡觉习惯对别人有个大致的观察和了解。

1.有的人喜欢趴在床上睡觉

有的人喜欢趴在床上睡觉，心理学家分析认为，他们相信自己，有较强的自信心，以及卓越的能力。他们对自己有非常清楚的认识，并且都能很好地把握住自己。他们有较强的随机应变能力，即便是到了一个全新的环境，他们也能够很快地调整好自己。一旦他们确立了追求的目标，就会一直坚持下去，并且对自己充满信心。另外，他们比较善于把自己的真实情感隐藏起来，而且不会让他人有所察觉。

2.有的人蜷缩着睡觉

有的人在睡觉时呈一种蜷缩的姿势，像个婴儿一样，心理学家表示，这一类型的人缺乏安全感，性格比较懦弱，经不起任何的打击。他们逻辑思辨能力较差，做事情从来不按照先后顺序，也不会事先做好规划工作，常常是这件事情已经发生了，才意识到自己没有做好准备工作。他们缺乏自我独立的意识，总是习惯于依赖那些对于自己来说比较熟悉的人物或者环境，而对那些陌生的坏境或人物则会有一种畏惧心理。他们缺乏责任心，在遇到困难和挫折的时候，常常会选择退缩。

3.有的人喜欢呈八字形睡觉

有的人喜欢呈八字形睡觉，心理学家告诉大家，这一类型的人做事比较武断。虽然他们有着一定的能力，但通常情况下都不会向他人妥协，态度既固执也十分强硬，经常是自己想怎么样就怎么样，不希望听到来自他人的相反意见。他们有一种想掌控权力的强烈欲望，一旦他们掌控了某种权力就不会轻易放弃。他们喜欢领导别人，喜欢别人在自己的监督下完成所有的事情。

4.有的人喜欢睡在床边

有很多人喜欢睡在床边，心理学家认为，这样的人比较缺乏安全感，做任何事情都比较理性，善于控制自己的情绪，尽可能地不让自己的不良情绪流露出来。在很多事情发生时，他们宁愿相信这仅是自己的悲观看法，可能事情并不是这个样子。他们有较强的忍耐能力，并且心里有一定的忍耐极限，当没有达到这个极限，他们不会轻易表现出愤怒的情绪。

5.有的人睡觉时喜欢把脚放在被子外面

有的人喜欢在睡觉时把脚放在被子外面，这样的睡姿其实相当容易让人感到累。心理学家通过分析认为，这样的人工作比较繁忙，即便是在睡觉时也会自然地感到劳累，他们在生活中并没有多少休息的时间，过着快节奏的生活。他们个性很开朗、乐观，精力充沛，在很多时候，都能凭着自己做出一番事业来。他们性格相当活泼，为人也较热情和亲切。

6.有的人喜欢仰睡

有的人喜欢仰睡，心理学家表示，这样的人个性都十分开朗、大方，他们在平时生活中对人十分热情亲切，而且极富同情心。因此，他们在人际交往中能够透析对方的心理，了解对方最想要什么。他们一般都拥有较强的责任心，遇到任何事情都不会逃避责任，而是勇敢地去面对，主动承担属于自己的责任。他们比较成熟，对生活中的人和事都能够分辨出轻重缓急，并且知道需要怎么做才能达到最佳的效果。他们身上有很多优秀的品质，常常能够赢得周围人的尊重，通常对很多事情都能够做到位，因此很容易得到他人的信赖，会使自己在人际交往中建立不错的人际关系。

7.有的人喜欢两脚伸直坐着睡觉

有的人喜欢双手摆在两旁，两脚伸直坐着睡。心理学家认为，这一类型的人生活节奏相当快，生活也很有规律性，这使得他们的精神一直处于一个高度紧张的状态中，即便是睡觉也不会放松下来。他们在每天需要做些什么事情，哪个时间段做什么事情都已经固定下来了，这让他们的身体和思想也形成了一种固定的规律。

8.有的人喜欢脸朝下睡觉

有的人喜欢睡觉时脸朝下，头摆在双臂之间，膝盖缩起来，藏在胸部下方，背部朝外。心理学家分析认为，这一类型的人通常具有较强的戒备心理，并且这样的一种心理状态随时跟随着他们，即便是在睡觉时也会有所警觉。他们自主意识比较强，不会随便听从别人的吩咐和摆布，对于别人要求去做的一些事情，只要是自己不愿意去做的他们就会表现得十分不乐意，更不会在别人的压力下去做。他们个性显得十分固执，如果有人强行要求他们，他们就会采取一些必要的措施。

9.有的人喜欢抱着双臂睡觉

有的人喜欢在睡觉时环抱着双臂，甚至握着拳头，仿佛随时准备给人一击。心理学家认为，这一类型的人如果是仰躺着或是侧着睡觉，拳头向外就是向他人示威，如果把拳头放在枕头或是身体下面，表示他正在控制这种消极情绪。

想必大家应该清楚，每个人都有不同的睡觉习惯，有的人喜欢像婴儿一样睡觉，有的人喜欢俯卧着睡觉，有的人喜欢睡在床边上。我们可以依据不同的睡觉习惯，判断出对方的性格。而对于自己而言，我们在很多时候并不知道自己在睡觉时有什么特别的习惯，那么不妨问一问身边亲近的人，然后根据实际的性格对比一下。

从一个人的坐姿看其性格

在日常交际中，每个人的姿势都各具特色，心理学家表示，这看似无意的举动，随意的姿势，却可以透露出不同的性格和心理状态。虽然，坐姿是人们常见的姿态，但是不同的人，坐姿都是不同的。当然，这其中的差别不会太大，毕竟坐姿所强调的应有姿势是不会变的。不过，观察每个人的姿态，我们会发现其中有着深深的个人印记：或是自己加了些小动作，或者是品性与心理关系，使得他们的姿态在细微上有所差别。比如，有的人喜欢正襟危坐，有的人则喜欢侧着身子坐，还有的人喜欢蜷着身子坐，等等，这些姿态中的细微差别，都将透露一个人关于心理、品性的秘密。

坐姿，能体现一个人的形态美，又能体现行为美。当然，正确的坐姿要求是“坐如钟”。良好的坐姿会给他人传递自信、友好、热情的信息，同时也会表现出自己良好的修养。也许，在我们身边，经常看见有的人两腿叉开，腿在地上抖个不停，还把腿翘得很高，这样不雅的坐姿实在让人不敢恭维。正确的坐姿应该是：在站立的姿态上，后腿能够碰到椅子，再轻轻地落座，双膝并拢，腿可以放在中间或者两边。在一些公开的场合，最好不要翘腿，如果是穿裙子的女士则需要小心盖住自己的腿。不过，在现实生活中，人们的坐姿烙上了个性的印记，他们的坐姿可谓是千姿百态。

小娜有一个不太好的习惯：一旦到了大场面，坐下就开始抖脚，而且越抖越厉害。用朋友的话说，如果在桌子上放一杯水，只要她一抖脚，五分钟不到，杯子里一滴水都不会剩下。小娜想改变这个习惯，可总是不见效果，一旦到了紧张的时候，她还是照抖不误。

那天，小娜去面试，负责面试的是公司的财务总监，一开始对小娜特别客气，热情地接待她，还给她倒水。小娜一坐下，老毛病就犯了，总监觉得小娜总是在动，刚开始没怎么注意，仔细一看才发现小娜在抖脚，当时就一皱眉。他想小娜一会儿可能会停下来，强忍着自己不去看，继续面试。可眼睛老是注意到小娜的脚，终于，总监受不了，他暂停了面试，出去喝了杯水，回来一看，小娜还在那里我行我素地抖脚。

总监生气了，直言不讳地要求小娜拿着自己的东西离开。

或许，到最后总监也不明白看上去很正常的小娜为什么一坐下就会抖脚，这其中的秘密，就需要心理专家给我们解释了。心理学家认为，那些坐下就不断地抖动腿部的人，内心是焦躁不安的，当然，也有的人是为了摆脱某种紧张感才会如此，如小娜就是这种情况。在生活中，如果是与你并排而坐的人无意识或有意识地挪动身体，那表示他想与你保持一定的距离，但又不好意思做出明显的举动。

下面，我们就列举几种常见的坐姿，与你一起解读坐姿背后的秘密。

1.两脚跟并拢，双手放于大腿内侧

有的人在坐着的时候，喜欢将两腿以及两脚跟并拢靠在一起，双手交叉放在大腿的内侧。心理学家认为，这样的人个性呆板，性情固执，不愿意接受别人的建议，即使知道别人是对的，他在嘴上也不愿意承认自己是错的。

他们喜欢追求完美，凡事都希望尽善尽美。他们喜欢说多于做，总是夸夸其谈，却从来不投入实际工作中。即使只是一个短时间的约会，他们也会显得很不耐烦，如此的个性使得他们在现实生活中常常遭遇失败。

2.两膝盖并在一起，脚跟分开成“八”字形

心理学家分析，这样的人性格比较内向，容易害羞，如果是女性，则表示她们对自己缺乏信心，若是在公共场合，她们说上一句话就会脸红。他们思想保守，排斥任何时尚的东西，对于许多问题的看法还停留在多年以前的状态。不过，他们对朋友相当真诚，对于朋友的求助，他们总会认真地对待，随时愿意为之效劳。

3.敞开手脚而坐

有的人喜欢敞开手脚而坐，两只手也不固定放在哪里。心理学家表示，这是一种开放式的坐姿，这样的人性格比较外向，不拘小节，天性好奇，喜欢追求新鲜的事物，对于普通人做的事情常常感到不满足，而致力于做一些别人没有做过的事情。他们喜欢与人接触，心态很乐观，即使遭到了他人的批评，他们也不在乎，始终按照自己的性格生活。

4.两条腿靠拢而坐

有的人坐着的时候，喜欢将两小腿靠拢，双手交叉放在腿上。心理学家认为，这样的人给人感觉很温和，容易让人接近，但其实并不是这样，如果有人去找他办事，他很喜欢摆出一副大架子，不爱搭理人。他们个性比较冷漠，城府较深，就连在亲朋好友面前，他们也常常会表露出自以为是的一面。他们做事常常是三心二意，对某些事情，他们从来不脚踏实地地去完成，而且，经常为自己找借口。

心理学家提醒各位，其实，一个人的坐姿，似乎都是无意识的，但从这貌似随意的动作中，可以解读出这种坐姿背后的性格和心理状态。

他的走路姿势是怎样的

人们走路的姿态可谓是“千姿百态、变化多端”，比如，有的人是消磨时间地散步，有的人是无精打采地漫步，有的人是大摇大摆地阔步，有的人是悠然自得地信步，有的人是节奏均匀地慢跑，有的人是犹豫不决地徘徊，等等。这些移动身体的步态，是每个人在生活中都会用到的。一个人的走姿是站姿的延续动作，与站姿不同的是，走姿有着行走的动态美。走路的正确姿势：抬头挺胸收腹，腰背笔直，目光平视前方，双臂自然下垂，手掌心向内，以身体为中心前后摆动。需要保持步履轻盈，端庄文雅，显示出动态美来。当然，在现实生活中，我们需要注意一些细节：走楼梯的时候，需要走专门指定的楼梯；不要在楼梯上停留太久；坚持“右上右下”原则；注意礼让别人，不要和他人抢道。出入房间时，当你需要进他人的房间，要轻轻叩门或按铃；开关房门，最好是反手关门、反手开门；谨记“后进后出”，即和别人一起进门或出门的时候，要请对方先进门、先出门。

他是一个走路稳健的人，从来都是一步一个脚印，他常对下属说：“做事就要跟走路一样，来不得半点马虎，必须稳扎稳打，一步一个脚印。你想，若是很急躁，难保不会出错，比如，本来只是一件小事情，但你非要快速地蹦跑，结果，在狭窄的楼梯间与人相撞了吧，闯祸了吧，所以，凡事要稳。”

他平时走路的时候，很专心，不左顾右盼，而是仔细看前面的路。这跟他的个性很相像，他很注重实际，在事业上小有成就，对于任何事情，他都是三思而后行，不莽撞，不唐突，从来不好高骛远。对于每一份工作，他都能脚踏实地，一步一个脚印地努力，在他身上，有“君子一言，驷马难追”的魄力。

心理学家分析，他的走路姿势很好地反映了他的内心，而他的内心所想也相应地体现在他的走路姿态上。如此看来，走姿所反映的是一个人真实的内心世界。生活中，有的人步态蹒跚，这是一种沉重的步态，这表示他正处于疲倦或郁闷中；有的人走路无精打采，这又是另外一种疲惫，一种精神上的疲惫，这样的步态多出现在那些地位低下的人身上。

那么，不同的走姿到底反映了什么样的内心世界呢？下面，心理学家将一一来为你揭秘：

1.步伐急促

有的人不管有没有什么事情，总是步履匆匆。心理学家表示，这类人做事很有效率，精力充沛，喜欢迎接生活里的各类挑战。性子比较急，因而做事冲动，不过遇到了事情不会推卸责任，是一个做事负责的人。

2.步伐平稳

心理学家经过分析认为，这类人比较注重现实，精明而稳健，做事之前仔细考虑，绝不冲动，一般情况下不轻易相信他人。对待朋友重情重义，是一个值得信赖的朋友。

3.八字形步伐

有的人走路双脚向内或向外，形成八字状。心理学家表示，这类人在生活中不喜欢交际，有着聪明的大脑，默默做好自己的事情，但是在某些方面比较守旧。

4.昂首阔步

有的人走路昂首，大步向前。心理学家表示，这类人喜欢以自我为中心，凡事自己做主，不喜欢依靠别人。做事有条有理，思维敏捷，有较好的组织能力，适合当领导。不过，不太注重人际交往。

心理学家认为，走路是我们每个人每天都要进行的行为动作，虽然看似普通，没有半点特别，却能反映出一个人的内心世界。一个人从蹒跚学步开始，就基本确定了他走路的姿势，走姿并不是父母能教的，而与这个人的内心有很大的关系。一个人的个性贯穿于其生命的始终，不同的个性产生不同的心态，不同的内心世界形成了不同的走路姿势。那么，换个角度，我们可以通过观察一个人的走路姿势，来窥探到对方的内心世界。

小动作能看出一个人的性格

在日常生活中，人们自然而然地会产生并形成一些具有某种特定意义的小动作。因为这是在自然而然当中不自觉形成的，具有很强的稳定

性，所以很难一下子就改正过来。改正不过来，这就为我们通过这些小动作去观察、认识和了解一个人提供了一些方便。

张慧敏已经29岁，在某家商场做空调销售，她很会察言观色，因此销售业绩非常好。一个周末，来购物广场消费的人特别多，张慧敏忙得不可开交。在众多客户中，有一位顾客引起了张慧敏的注意。那是一个中年男士，他在那里站了好长时间，而且一边看空调，一边不停地用脚尖击打地面。和其他客户不同的是，这位男士不喜欢说话，张慧敏过去和他打招呼，他也是爱搭不理。

张慧敏觉察出这位顾客是典型的完美主义者，非常自恋，并且不会与别人相处。于是她站在不远处留心观察着这个男士。忽然，男士犹豫许久终于抬头寻求帮助，于是张慧敏赶快上前为其提供帮助。很快，这位顾客在她的帮助下购买了商品。

常言道：细微处泄天机。生活中的小细节最能体现一个人的真实个性。人们在日常生活中的小动作是在长期的生活中无意识地形成的，因而带有明显的个性色彩。一个识人高手往往会通过观察这些习惯小动作，在瞬间把握一个人的内心动态。

每一个人都会有些与众不同的习惯性小动作，这种小动作被形象地称为“身体语言”。有的人喜欢摸头发，有的人喜欢抠鼻子，有的人喜欢拉衣角，有的人喜欢咬手指，这些动作看起来可有可无，没有什么出奇的地方，但是，从其中也可以看出一个人的性格呢。

1.习惯性点头

这种人比较关心他人与体贴别人，知道给予配合的重要性。及时表达自己的认同，可以使说话者增强自信并对谈论话题深入思考，将才能得以充分发挥，这有利于找出最好的解决问题的方法，于人于己都有好处。

2.掰手指节

这种人习惯于把自己的手指掰得咯嗒咯嗒地响。他们通常精力旺盛，非常健谈，喜欢钻“牛角尖”。对事业、工作环境比较挑剔，如果是他喜欢干的事，他会不计任何代价而踏实努力地去干。

3. 喜欢点头和摇头对待问题

一般来说，用点头和摇头来回答问题的人自我意识比较强。所以，大家在和这类人沟通时，只要用心与他谈妥，以后就可以高枕无忧了。因为这类人轻易不与人合作，如果决定与你合作，就会认真负责地进行到底。

4.爱拍头

拍打头部这个动作，大多时候表示对某件事情突然有了新的认识。如果说刚才还陷入困境，现在则走出了迷雾，找到了处理事情的办法。拍打的部位如果是后脑勺，表明这种人敬业，拍打脑部只是为了放松一下自己。时常拍打前额的人一般是个“直肠子”。

5.喜欢把手放裤兜里

双脚自然站立，双手插在裤兜里，时不时取出来又插进去，这种人的性格比较谨小慎微，凡事三思而后行。在工作中他们最缺乏灵活性，往往用呆办法去解决很多问题。他们对于突如其来的失败或打击的心理承受能力差，在逆境中更多的是垂头丧气，怨天尤人。

人的无意识动作与神经的类型有关。我们在观察各种类型的人时，与其看他们的体格，倒不如以他们的小动作来分析他们的性格来得妥当。有些人具有强烈的感受性，对于自己身边的事情，都有非常敏感的反应，所以常有留意周围人的动静而做出不同小动作的习惯。

第10章

日常行为：无意识的动作泄露出别样信息

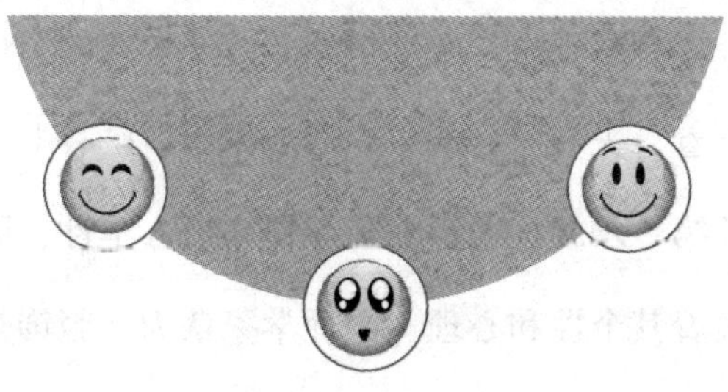

生活中，我们每个人都有自己的习惯、爱好甚至是癖好，并且各人的爱好不尽相同，有些人喜欢养宠物，有些人喜欢穿某种颜色的衣服，有些人开车速度很快……实际上，每一个人的嗜好背后，都隐藏着一定的心理秘密，揭开这一秘密，能让我们更全面地了解自己。而同时，我们需要注意的是，对于那些负面的、消极的行为习惯和爱好，我们还是应该尽力克制，否则很有可能会对我们的生活带来一定的负面影响。

衣着打扮是其内心的外显

曾国藩说："有感于内，必形于外。"一个人的个性心理往往表现于外表，举止衣着，先有三分气象，话未说出口已有七分先机。简单地说，由表识人的第一步就是通过着装习惯来识人本性，因为一个人的服饰习惯常常代表着其个性和心理。心理学家认为，服饰是一种无声的物体语言，它传递着人的意向、性格、爱好、兴趣以及个性等多方面的信息。正因为着装习惯显示了一个人的个性以及心理，所以，不同个性的人，他们的着装习惯自然就不同。比如，自由随意的人经常穿牛仔服、宽松式的衣服；一本正经的人经常穿西装、打领带；性格粗犷的人经常戴歪帽、挽裤管；冷静的人经常穿黑色衣服，等等。或许，许多人并没有预料到，自己的穿着习惯，包括所穿服饰的颜色、质料、款式等，都会将自己的个性心理毫无掩饰地袒露出来。

现代社会，人们对于服饰的选择更多样化了，他们主张显示个性，所以服饰的颜色与款式越来越丰富，也越来越张扬个性。心理学家分析，其实不同个性的人有不同的穿着习惯，只要我们留心观察，就会从各式各样的服饰中窥探出一个人内心的秘密，了解其个性，从而把握

其性格特征。朱利安·鲁滨逊曾说：“衣着和修饰可以反映一个人的性别、民族、年龄、社会经济地位、职业、个性、爱好和价值观等，衣着打扮可以起到美化自己、表现内心世界和达到某种特定交际目的的作用，可以体现人们对自己的社会角色和周围世界的不同态度。”由此可见，服饰行为本质上是心理的一种反映。

1.宽松自然的穿着习惯

有的人不喜欢那些剪裁合身、款式入时的服饰，心理学家认为，这样的人性格大多是内向型，他们常常以自我为中心，生活在自己的世界，难以融入人群中。在很多时候，他们也会尝试着与人交往，但在交往过程中总会出现这样或那样的摩擦，最后只好作罢。因此，他们身边没有什么朋友，但如果有那绝对是真心朋友，由于性格比较羞怯，他们不太喜欢主动接触别人，当然，也不容易让别人接近。

2.习惯穿时髦服饰的人

有的人对服饰的选择就是时髦服饰，他可以不理会自己的嗜好，甚至他自己也说不清楚自己喜欢什么样的穿着。但是，在服饰上面，他只是以流行为嗜好，跟着时尚走。心理学家表示，这样的人缺乏自主意识，对许多事情没有主见，其内心是孤独的，情绪也容易波动。

3.习惯穿简单朴素衣服的人

心理学家认为，这种穿着习惯的人，性格大多比较沉稳，待人真诚而热情，有着较好的人缘。他们对待任何事情都认真、踏实，无论是工作还是学习，他们都能做到理智、客观地去对待。如果对方穿着过于朴素，那表示对方缺乏自我意识，在某些方面常常需要依赖他人，个性比较软弱，容易屈服于他人。

4.习惯穿华丽服饰的人

在人来人往的潮流中，你会发现某些人的穿着总是那么耀眼，他们总喜欢那些华丽的服饰。心理学家认为，这样的人有着较强的自我表现欲，他们喜欢金钱，选择华丽的服饰的一部分原因就是显示自己在物质方面的优势。对此，面对这样的人，你应该多夸奖他的华丽服饰，满足其虚荣心理，这样，他定会对你产生好感。

郭沫若说："衣服是文化的表征，衣服是思想的形象。"意思是说，人们通过穿着打扮来向外界展示自己。这是一个张扬个性的时代，人们在穿着打扮上往往不拘泥于形式，因此，人们可以更加充分地展示自己的心理状况、审美观点等，而大家自然而然地就把握了他们的个性以及心理。

你观察到对方是怎么开车的吗

现代社会，科技日新月异，经济快速发展。可以毫不夸张地说，几乎每天我们都在与车接触，当然，有的人是坐车，有的人是开车。随着人们的生活水平越来越高，买洋房、开汽车已经不再是梦想了，早已经变成了现实。看那纵横交错的马路上，到处都是私家车，男人们、女人们手握方向盘，熟练地操控着车子前进。其实，心理学家告诉大家，假如你仔细观察，就会发现一个人控制汽车的方式，和控制自己的方式有许多相似之处。

樊先生是一个司机，每天接触最多的就是汽车。长期跑车的经历使得他的性格变得暴躁，脾气变得古怪。同是在马路上行驶，若是旁边的车稍微快了一点，他就对着空气开始谩骂起来："跑这么快干什么，家里死人了，这样的司机迟早会去见阎王。"而轮到自己加速的时候，他则会说："前面的车快点嘛，走不动嘛，真是倒霉。"似乎，他的心情总是这样暴躁，没有安静愉快的时候。

樊先生的脾气在他开车时展露无遗，不是谩骂就是埋怨，十分清晰地展现了他暴躁的脾气。如果你不是有车一族，想必也搭过不少公交车或出租车，我们发现了这样一个现象：不同的司机，不同的性格，自然会有不同的表现。比如，同样是遇到红灯，脾气暴躁的司机会埋怨："怎么又是红灯啊，真是倒霉，又要等上半天。"而脾气温和的司机则会自我安慰："开了这么半天也累了，正好趁着红灯的时候休息休息。"所以，要想了解对方的脾气秉性，我们可以观察对方的开车方式以及开车时的状态。

下面，就详细地列举几种开车的方式，以此来为你剖析方向盘背后那个人的脾气以及秉性。

1.按正常速度开车的人

有的人开车不超速，不减速，他就按照正常的速度开车。在他们看来，开车不过为了到达自己想去的地方，而不是一种快乐的刺激或体验。心理学家认为，这样的人在生活中个性温和，尽自己该尽的义务，崇尚中庸。对一件事情，即使有很大的把握，也不会贸然行事。

2.喜欢大声按喇叭的人

有的人在堵车或前面车子挡住自己的时候，总是大声地按喇叭。心

理学家认为，这样的人脾气很暴躁，在生活中，他们总是大喊，乱发脾气。面对挫折，他们不会去寻找解决问题的方法，而是大发脾气，以此来表达自己内心的焦虑和不安。

3.超速行驶的人

有的人把开车当作一种快乐的刺激，无论处于什么样的环境，都是超速行驶，不受制于任何人。心理学家认为，这样的人脾气耿直，憎恶权势，喜欢自由，不喜欢有人给自己设限，如果有人这样做了，他们可能会以极端的方式来夺回自己的自由。

4.绿灯亮了，最后发动车的人

有的人开车四平八稳，即使绿灯亮了，也是最后发动车。在他们看来，这样比较安全，有保障，也用不着与其他的人争吵。心理学家分析，他们性格温和，不伤害人，也不希望别人伤害自己。他们藏锋而活，为的就是减少争执与伤害。

5.不换挡的人

有的人开车不喜欢换挡，心理学家认为，这样的人脾气很温和，他们喜欢自己的生活方式，而且用自己的方式去追寻幸福。由于不换挡，当绿灯一亮的时候，就抢先往前冲，他们的生存方式就是凡事比别人抢先一步，他们喜欢赢的感觉，而不喜欢被他人当作失败者。

6.行车速度很慢的人

有的人开车很慢，虽然技术娴熟，但只要遇到小坑，他就忍不住停下来，似乎坐在方向盘后面都令他觉得害怕，担心自己无法操控这一切。心理学家表示，这样的人几乎没有脾气，个性比较懦弱，他对那些超过自己

的人会产生嫉妒之心，但胆小怕事的他们常常令自己都失望。

心理学家表示："如果把车子视为一个人肢体的延伸，那么开车的方式，就是肢体语言的机械化身。通过一个人的开车方式，可以发现一个人的脾气及秉性，以此达到摸清对方底牌的目的。"

阅读习惯能彰显一个人的个性

心理学家认为："读书不仅能提高一个人的知识水平和修养，还能在某种程度上反映出一个人的性格和心理，如阅读习惯。"在生活中，基于每个人的个性不一样，其阅读习惯也不一样。有的人拿到书就开始兴奋起来，不管是不是自己感兴趣的，从头看到尾；有的人则不一样，拿到了书和报纸，总是先翻看自己感兴趣的文章，然后再慢慢浏览那些不是那么感兴趣的内容；还有的人买了书，扔在一边，总是隔了很久才翻出来看，等等。

小乐喜欢买报纸，几乎天天买，要是哪天忘记了买报纸、阅读报纸，她就浑身不自在。而且，只要一拿到报纸，她就忘记了自己身在何处，必须先把报纸各个版面的内容了解清楚，哪怕时间紧迫，老板吩咐了工作，她也是先把报纸看了再说。

或许是因为看得报纸比较多，她善于言辞，经常给同事说一些稀奇古怪的事情，若有人问："你这是从哪儿听来的？"她准会回答："看报纸呗，那还不简单。"她个性开朗，喜怒哀乐都表现在脸上，凡事喜

欢凑个热闹，反应灵敏，办事积极周到，能适应各种环境。不过，她做事情总是按照自己的想法去做，听不进他人的意见，同事们都说她犟得像头牛。

小乐的阅读习惯是属于“兴奋型”，诸如此类的人一旦接触了阅读物，总是忘记了自己要干什么，一定要先把内容了解清楚了才有精力去干其他的事情。他们常常是一边拿着书，一边干着其他的事情，因为这样的阅读习惯没少被家里人和老板批评，但这依然减少不了他们对书的热情。这样的人性格开朗，活力四射，内心的情绪常常表现在脸上，喜欢热闹的地方，办事靠谱，喜欢追求新鲜的事物。

下面，心理学家简单地列举几种常见的阅读习惯，以此来剖析人们的内心。

1.兴趣型

有的人拿到了书籍或报纸，会先看个大概，然后选择自己感兴趣的内容。在生活中，如果看到身边的人拿着自己感兴趣的书籍，他们也会夺过来阅读。不过，一旦发现那并不是自己感兴趣的书籍，则会搁置在一边，偶尔拿过来打发时间。

心理学家认为，这样的人大多性格外向，积极向上，有幽默感。他们不甘于寂寞，常常是约上几个朋友一起出去玩，忍受不了一个人待在家里的苦闷。他们善于交际，有较强的组织能力，有领导的天赋。不过，他们做事不够细致，常常是敷衍了事，马马虎虎。

2.享受型

有的人买来了书和报纸后，总是先把它搁在抽屉或桌子边。他们想先把手中的事情做好，然后在没有其他人打扰的情况下，仔细阅读，不错过每一篇、每一段、每一句话，甚至每个标点符号。

心理学家表示，这样的人大多性格内向，沉默寡言，喜欢静静地享受一个人的世界，不善言辞，但能将心中的热情投入到实际工作中去。他们有着较强的自我约束力，办事认真，在工作中能独当一面，对交际应酬不感兴趣。

3.随意型

有的人买书只是为了装饰，而不是为了阅读。通常情况下，他们兴致勃勃地买了书籍，随便往书架上一扔，等到自己空闲了才拿出来看，把阅读当作解闷、排解无聊的途径。心理学家认为，这样的人性格大多比较内向，多愁善感，经常会被电视里的情节或书中的描述而感动落泪。内心的不确定，使得他们常常陷入犹豫不决的情境中，缺乏魄力。他们不善于交际，没有多少朋友，时常是独自一个人孤芳自赏。不过，他们想象力比较丰富，能够考虑到他人的难处，为人憨厚老实，对于他人的请求从来不拒绝。

心理学家表示，阅读看似一件很普通的事情，不同的人来做，却出现了不同的现象，而恰是这些习惯中透露出来的个人印记，蕴含了其真实的内心世界。所以，在生活中，大家完全可以通过观察对方的阅读习惯来了解其真实的心理。

不同的抽烟姿势和习惯背后的秘密

在我们周围的朋友中，相信有不少人是有抽烟习惯的，你注意到他们的抽烟姿势了吗？其实，这一看似再平常不过的行为，也能帮助你更好地了解他们。我们先来看下面的故事：

某公司招聘一名会计，在众多的应聘者中，招聘主管挑中了一个身材瘦小、其貌不扬的男士。

对此，公司有些人觉得很奇怪，这天，主管和几个朋友在公司餐厅吃饭，大家谈到这个问题。

"我们知道，您是智慧的化身，选那个人肯定有您的道理，但我们真的很纳闷，那天那么多人，有哪个长得不比他好，学历和经验比他好的人也多的是。再说，我那天居然还看见他在公司厕所抽烟，这样的人怎么适合在我们这样大的公司工作？"

"你还挺细心的，居然留意到他抽烟，不过，我告诉你，我就是看中了他抽烟。"

"什么？公司不是禁止抽烟的么？你别卖关子了。"

"其实，他也不算违反公司制度，他是在厕所抽烟，并没有影响到其他同事。那天面试中途我去上厕所，便留意他了，我发现，他的抽烟动作是这样的：他不怎么掸烟灰，烟灰已经很长，却不以为意，我曾看过一本心理学书籍，书中说这样的人是谨慎的，这不是会计工作者最重要的吗？"

"道理是这样，但您真的就这样凭一个动作就录取他？"

“当然不是，在后面的面试过程中，我还问了几个之前公司会计遇到的问题，他的答案真的出人意料，我想，我的判断是对的……”

这则应聘故事中，招聘主管看似莽撞的一个决定，实则是有一定原因的，因为他从此人的吸烟动作中判断出对方的性格，然后在具体的应聘过程中，他还对对方进行了一定的考验，结果表明他的判断完全是正确的。

的确，吸烟的时候是一个人的心灵无意识放松的时刻，如果你足够敏感，就可以发现对方最真的性情。美国著名心理学家J·福斯特对吸烟的分析最为生动，他对一个吸烟者的分析分为五个部分。

第一，持烟的方式。

夹在食指和中指的指尖上。这是常见的持烟方法。这类人性情比较平静、踏实，爱表达自己，亲切自然。但是，不足之处在于容易随波逐流，缺乏决断力和意志力。

夹在食指和中指的指缝里。这类人是个行动主义者，自我意识很强，不太善于协调人际关系，因此容易引起误解和反感。

用拇指、食指和中指拿着。这类人性情较为冷一些。头脑聪明，工作作风干练。不过，有的时候他们的骄傲、自我会让人不快。

第二，吸烟的方式。

叼在右端。思维敏捷，能够迅速下决断，行动出手很大胆，常常出其不意。

叼在左端。思绪很多，计划性强，有城府。

在嘴唇的中央向上衔着。爱慕虚荣一些，即使有踏实的外表，也难免去做超出自己能力范围的事情，并自食苦果。

在嘴唇的中央向下衔着。理性远远大于感性，做事决不会强人所难。很踏实，喜欢按着自己的节奏去推进事情。

嘴上叼着烟，手的动作不停。对自己非常自信，而且业绩的确很突出。对自己的生活现状和工作比较满意，并且充满了希望。

咬烟头，用唾液浸润烟卷。多见于男性。性格中依然残留着不成熟的幼儿习性。

第三，喷烟的方式。

把烟喷向自己面前的人的方向。乐于挑战，无视对方的存在，在对对方有攻击心理的时候，常常这样。

把烟往下吹。努力不想把烟弄到他人身上。对人际关系非常细心和在意，对人态度温和，属于温厚型的性格。

第四，抖灰的方式。

正抽得起劲，频繁地把烟灰抖到烟缸里。做事认真，有一点神经质。即便烟灰很短，也要抖落，精神压力多来源于不能轻松对待事情，过于紧张。

烟灰很多才会抖落。缺乏足够的精力，本质很小心翼翼。

周围有不吸烟的人的时候，就把烟朝上，是个非常仔细的人。

第五，掐灭烟的方式。

敲打烟头，把有火的部分在烟缸里弄灭。是慎重派。缺乏自己的主张，总想藏在别人的背后，附和他人。

把烟很直地按在烟缸里捻灭。不会感情用事，做任何事情都很界限分明，把工作和娱乐、恋爱和婚姻分得很清楚。

把烟头折成两段弄灭。性格开朗，但有时难免轻浮，说话不算数的时候多。

把烟头折成三半以上弄灭。看起来很认真的样子，对异性的影响力不小，善于游说异性。

把有火的一部分弄成一个球捻灭。性子比较急，较为武断。容易出小错。

火没掐灭也不在意。爱撒娇，好恶明显。以自我为中心，缺乏协调性。

向烟灰缸里倒水。既有对自己要求完美的一面，也有不修边幅的时候，容易走两个极端。平日里很沉静，但行动起来非常迅速，常常让同事吃惊。

可见，吸烟的时候是一个人的心灵无意识放松的时刻，你如果掌握了必备的心理学常识，就可以抓住对方的心理特征。当然，吸烟对身体不好，最好规劝你的朋友尽早戒掉吸烟的习惯。

习惯动作通常会把人的一些无意识的欲望表现出来。肢体语言很多时候透露的信息要更加准确。因此，一个人如何吸烟，以及事后如何处理香烟的行动，可以反映出他处理欲望的态度，也能表现出他的性格。

爱穿黄色衣服的人是什么心理

我们都知道，在我们生活的周围是有众多色彩的，这些色彩或明亮，或晦暗，世界万物因拥有各种色彩而变得缤纷绚丽。画家们也一直在用他们自己对色彩的理解来诠释这个世界。而现实生活中，从一个人的服装颜色，我们也能看出他的内心情感。

可能有些人会觉得奇怪，在你的朋友中，有个人好像特别喜欢黄色，你会看到他经常穿黄色的衣服，那么这样的人有着怎样的心理呢？

心理专家称，黄色是一个代表心灵能量的颜色，它可以加速理想的实现，并能启发新的创意，但般人往往会因为不懂得如何挑选适合自己的黄色而给人一种愚蠢的印象。一个选择黄色衣服的人，通常是有着自己独特的见解和想法，富有高度的创作力及好奇心的人。他们心情欢畅，性格外向，精力充沛，做事自信，潇洒自如，说话也无所畏惧，不担心别人会怎么想。这类人具有冒险、追求刺激和新鲜的特征，无法忍受一成不变。

现在你是否觉得你的朋友确实是这样阳光的人呢？

的确，色彩在服装的外观表现上有着难以言喻的魅力，它不仅能体现服装的质感，更能体现出一个人的个性和风度，是一个人整体形象中最具情感特征的部分。心理学家埃卡特里娜·雷皮纳曾经这样阐述服装颜色与人类心理的关系：“很多人还完全没有意识到颜色的神奇功能，事实上，通过不同颜色的服装，人们——尤其是女性可以更好地了解自己。”

所以，我们可以根据对方喜爱的服装颜色更加进一步地了解到对方的性情与内心：

1.喜欢白色衣服的人

白色是一个纯净、没有任何杂质的色彩，于是白色也就象征着纯洁、神圣。在现实生活中，喜欢白色服装的人，往往是一个比较追求完

美的人，但又有实际的一面。这一类人内心比较寂寞，他们渴望引起别人的注意和关心，甚至爱慕。他们不太喜欢别人无端的客套，所以在不熟悉的人眼里，他们是让人既爱又怕的对象。

2.选择绿色衣服的人

绿色是生机盎然的色彩，它代表生命的诞生和延续。喜欢绿色衣服的人个性谦虚平实，善于克制自己，不爱与人争论，心绪不易烦乱，很少有焦虑不安或忧愁之感。和善、可亲是这类人最大的特色，而且他们对于自己不喜欢的人也不会刻意地排斥或疏远。这类人道德感强烈，个性直爽，而且是聊天的理想对象。

3.喜欢蓝色衣服的人

在我们的日常生活中，蓝色是一种相当常见的服装色彩。喜欢这类颜色服装的人，一般比较喜欢宁静、自然，他们无忧无虑，善于控制感情，很有责任心。同时又富有见识，判断力强。这一类人的个性也比较固执，往往不达目的绝不会罢休。不过因为这个原因，他们往往也会固执己见，听不进旁人的意见。他们也不擅长交际，所以只能和志同道合的人进行小团体交流。

4.选择红色衣服的人

红色使人精神振奋，但过度的红又会使人精神紧张、脾气暴躁。这类人大都是精力旺盛的行动派，不管花多少力气或代价也要满足自己的好奇心和欲望，会对自己专注的和感兴趣的事情投入百分之百的热情。但这类人往往缺乏耐性，一遇到挫折便会迅速地丧失原有的热情，情绪变化相当大。他们心直口快，说话做事不假思索，从不考虑别人的感受，也不在乎可能产生的后果，而且他们没有承担过错的能力和自我反省的勇气，习惯把责任归咎到别人或外在不可抗拒的因素中去。

5.选择粉色衣服的人

粉色是红和白的结合，带有白和红的两种性格特点，可以说是感性与理性结合，知识与天真并存。选择粉色衣服的人多是单纯天真的幻想家，有着纯洁如白纸般的心境，成天活在自己编织出来的世界里。他们比较感性，处世温和，常常想让自己呈现出年轻、有朝气的感觉，甚至希望在旁人眼中是个高贵的形象，散发着一股让人看到就很舒服的魅力，但有强烈的逃避现实的倾向。

6.喜欢黑色衣服的人

这一类人从表面上看可能会给人神秘、高贵以及专业的印象。但是，只要仔细观察，你就会发现，这一类人多是不善于社交的人，他们无非是用黑色来掩饰自己内心的紧张、不安、自卑或恐惧。他们喜欢用黑色来让自己显得更加地冷酷，以求在无形中给对方造成一定的心理压力。

另外，专家建议，当一个人心情不好时，最好选择穿一些色彩明亮地衣服。因为衣服的色彩也从很大程度上影响着人的情绪，要注意适当的协调和搭配。当感到心情不愉快时，男性可以穿一件色彩明快的衣服，如浅蓝色，用以冲淡一些心理上的暗沉感觉，而女性这时则可选择红色、玫瑰色、黄色和绿色等悦目的衣服来调节自己的情绪。

黄色给人温暖的感觉；蓝色让你摆脱烦躁的情绪，安静下来，遐想广阔的大海，心情也会像海一样宽广；而一身橙色的运动服，让你顿时阳光十足，充满活力。

衣饰颜色是一种会说话的“色彩语言”，它传递人的心理状态、意向、性格、爱好、兴趣及身份等多方面的信息。掌握这种“语言”，将会为你更加准确地看透对方增加砝码。

第 11 章

爱的表达：情场男女微行为心理分析

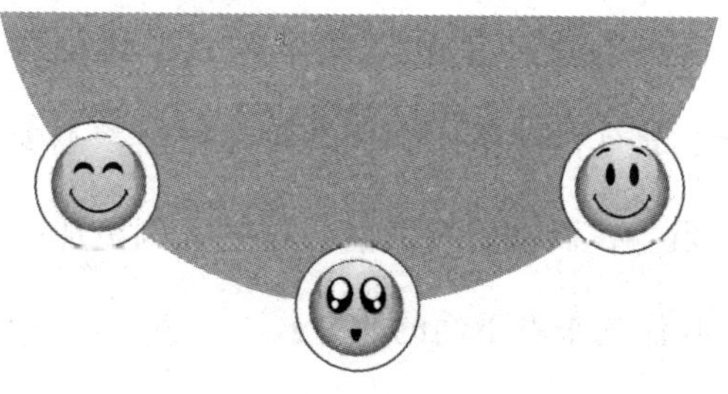

有人说，爱是世间最美好的东西，爱情也是永恒的话题，正因为如此，人们才孜孜不倦地寻找爱情。然而，无论是谁，即便他再坚强，面对感情，也会脆弱。爱情中的男男女女，都会费尽心思去猜度对方的心思，而其实观察对方的一些微行为，就能帮你在第一时间了解对方的想法，洞悉对方的内心。这样，在爱情中，你便能掌握主动权，从而让爱情更甜蜜、融洽和快乐！

为什么越是被反对，越是坚定感情信念

自古以来，美好的爱情都是人们所向往的，谁都希望与自己的爱人共结连理。然而，现实的生活中，因为种种原因，不少人的爱情都遇到了来自各方面的阻力，而在阻力面前，这些人倒更加坚定自己的信念，这是为什么呢？我们先来看下面的故事：

有这样一对情侣，他们大学时代就相识。刚开始的时候，男孩的父母是表示强烈反对的。因为男孩是家里的独子，所以父母一心想让他大学毕业后回到家乡内蒙工作。而女孩也是家里的独生女，她的父母也想让她大学毕业后回到家乡广东工作。这样一想，男孩的父母头都大了，这到底去谁家好呢？显然两人是不合适的。最合乎理想的是儿子大学毕业后先回到老家找一份稳定的工作，然后在本地找一个知根知底的女朋友，按部就班、万无一失地结婚、生子、过日子。但是，男孩显然不愿意听从父母的建议。

其实，男孩的父母心里很清楚，儿子从小就主意正，拿定主意的事情很难改变想法。而且，男孩的逆反心理很重，如果父母说得不对他的心意，他就会坚定地选择与父母对着干。因此，父母想来想去，虽然表

示了强烈的反对，却一直没有采取具体的行动，因为他们生怕收到相反的效果，导致事与愿违：万一儿子一生气决定去女友家发展了呢？

男孩是个聪明的小伙子，他知道父母肯定也想到了这点，于是，他和女友商量好，哪里都不去，就待在他们读书的城市——北京，并且他也让女孩这么跟家里“斗心”。当他们把想法都告诉双方父母时，没想到四位老人都同意了，他们还建议两个孩子再读个研究生，以后在北京落户也方便些。男孩喜出望外，马上就采纳了父母的建议。

其实，男孩敢于和父母对着干，是因为他了解自己的父母——他们害怕自己的儿子因为逆反心理而一气之下去广州。而当得知儿子作出了留在北京的决定之后，男孩的父母悬着的心终于落地了，毕竟北京比广东距离内蒙近多了，而且儿子也不用去适应广东那与内蒙截然不同的环境气候与饮食习惯了。老两口自我安慰道：如果儿子能在北京落户，不也是很好吗？想儿子了随时就可以去看看，比去广州方便多了。而男孩的心里也美滋滋的，得到了父母的谅解与支持，他与女友的爱情就显得更加美满了。

真可谓有情人终成眷属，这样的结局是我们渴望看到的。这里，让我们感到欣慰的是，面对父母的反对，这对情侣选择的是曲线救国，攻心为上，而不是放弃这一段已经维系多年的感情。

那么，面对外界的阻力，为什么大部分情侣之间的关系会更亲密呢？这是因为人们都有害怕失去的心理。

有人问，人生在世，最珍贵的是什么？长久以来，大多数人认为世间最珍贵的东西是“得不到”和“已失去”。人们常说得不到的东西才

是最珍贵的。是啊，因为得不到，我们才憧憬，才梦想，才穷其一生去追求，哪怕像飞蛾扑火，哪怕像懒汉仰头等待天上掉馅饼，哪怕像沙漠行者奔跑着扑向海市蜃楼。因为得不到，我们会怅然若失，会绝望，会撕心裂肺地痛。这种感觉会深刻地印在我们的记忆中，挥之不去，会时时困扰着我们的思想，影响着我们的生活，搅得我们寝食难安。我们念念不忘得不到的东西，于是便认定它才是最珍贵的。我们任何一个人，都希望自己爱情顺利、婚姻幸福，然而，人们总是会遇到一些不和谐的因素，此时，就需要男女双方共同努力、共同经营，而不是轻易放弃。

当然，无论是爱情还是婚姻生活，都是需要我们经营的，相爱的双方能够走到一起，是需要我们付出努力的。如果你的爱情受到了某种阻力，那么千万不要轻易放弃，寻找积极的解决方法，最终你会收获幸福的婚姻。

一般情况下，两人的恋爱越是遭到长辈和父母的反对，这两人就越是会站在同一阵营，彼此之间的感情也会更深。就是说，如果出现干扰恋爱双方爱情关系的外在力量，恋爱双方的情感反而会更强烈，恋爱关系也因此更加牢固。从心理学的角度看，这是因为，越是得不到的，人们越是渴望。

男女在爱情中有哪些示爱的小动作

生活中，可能很多人都遇到过这样的困惑：在某个场合，看到自己

心仪的异性，该怎样才知道对方对自己是不是也有同样的好感呢？正因为如此，很多人都不知道如何把握和异性之间的距离。事实上，不论男人还是女人，如果对某个异性有好感，从他（她）的一个眼神或一个小动作就能看出来。我们先来看下面的爱情故事：

露露和杰森是在一个聚会上认识的，杰森被露露那双清澈的眼睛吸引了，在他看来，露露就是他这辈子要娶的爱人。可是令杰森苦恼的是，他才和露露认识不到一周的时间，露露长得那么漂亮，又怎么会看上自己这个穷小子呢？他转念又想，几次接触下来，露露好像对自己也有点意思。他为此十分纠结，到底怎样才能知道露露的心思呢？

杰森有个学心理学的朋友，在一次谈话中，这个朋友告诉他，看一个女人是不是喜欢你，只要看她的一些小动作便能知道。在朋友的一番指导下，杰森决定主动试探一下露露的态度。

这天下班后，杰森把露露约到了他们上次见面的咖啡馆。刚开始的时候，他们面对面坐着，两个人谁都没有说话，沉默地喝着咖啡。杰森想让露露先说点什么，但露露只顾摆弄自己的手机。“糟了，她肯定对我没意思，不然怎么会一直玩手机呢？”杰森心想。

“你想点一些什么别的小吃吗？都下班时间了，应该饿了。”杰森很体贴地提建议。

“不用了，下午我在办公室吃过东西了的，再说，我包里还有棒棒糖呢，如果你不介意的话，我可以拿出来吃吗？”露露很调皮地说。

“当然可以。”

接下来，杰森的心终于定下来了，因为他的朋友告诉他，如果一个女人当着你的面舔嘴唇或者吃棒棒糖，那么她就是在向你示爱。

另外，杰森还注意到一点，露露在和他说话的时候，一边吃棒棒糖，一边用手摆弄自己的头发，这也是示爱的动作。

自打这次见面以后，杰森肯定了露露对自己的感觉，于是他趁热打铁，对露露紧追不舍，不到一个月的工夫，他与露露就成为了男女朋友。

这是一个美好的结局。故事中，青年杰森不知道露露对自己的态度，于是，在朋友的指导下，他在与露露约会时注意到对方有几个示爱的动作，如吃棒棒糖、拨弄头发等，从而确定了露露的想法。

从这个故事中，我们也可以得出一点，男女交往中，你是否获得异性的好感，有时只需要看对方的一个微动作。接下来，我们看看两性专家是如何教你识别对方的爱意的：

1.女人篇

（1）舔嘴唇

研究发现，当女人对某个男性产生兴趣时，会不自觉地舔嘴唇。这个动作的确会吸引男人的注意，甚至让他想入非非。当然在公共场合舔嘴唇可能不妥，所以，一些女性会选择吃糖果来达到同样的效果。

（2）冲他点头微笑

谁也不能抗拒微笑的魅力，一般来说，女性在面对自己心仪的异性时，都会冲对方微笑，如果男方会意，则会点头回应，那么一场浪漫的爱情可能就开始了。

（3）拨弄头发

在遇到心仪的男性时，女性会下意识地拨弄或者整理头发，这个动作在很多男性眼中是性感的举动。

（4）膝盖和脚尖朝向对方

当男女双方并排坐在车上时，如果女性对该男性有兴趣，就会同时用膝盖和脚尖朝向对方，这是在告诉他“我对你很感兴趣”。

2.男人篇

（1）保持微笑

一切的好感都是从笑容开始的，这也是一个男人对异性表达好感最简单的方式。

（2）双手插兜

男性在面对女性站立时，如果将双手置于胯部或者手插裤兜，那么这是他在为了吸引她的注意而表示出来的自信。

（3）眼神专注

男性如果长时间地盯着一个异性看，那么，这是表达爱慕的重要标志。他一定认为她与众不同，她的一颦一笑可能都吸引了他。

（4）睁大眼睛

当一个男性在与一个女性说话时，在看着她的同时，如果他还睁大眼睛，就说明他对她的每一句话都感兴趣。研究发现，当人们被某人所吸引时，瞳孔会自然地扩张变大，用以引起对方注意。

（5）眉毛抬高

当双方有所交流时，男生眉毛一直保持上抬，这是一个示爱的确切信号。

（6）轻微肢体触碰

在交谈时不经意地碰触她的胳膊或者腰部，这绝对是示爱的直接方式。注意不要太过分，适当地接触就好。

无论男女，在面对心仪的异性时，身体、表情都会下意识地发生变化，观察异性的这些微动作，能帮助我们了解对方的心意。

爱情中的嫉妒如何解读

有人说，爱情是自私的，恋爱中的人也是盲目的，当一个人深爱着另一个人时，就会产生嫉妒心，但嫉妒真的是爱情的印证吗？我们先来看下面的故事：

有个叫刘伯玉的人，他的妻子段氏是个典型的妒妇。一次，刘伯玉在看完曹植的《洛神赋》后，不禁赞扬洛神之魅力，但没想到，段氏听到后，非常气愤地说："君何得以水神美而欲轻我？我死，何愁不为水神？"原本刘伯玉以为这只是气话，但谁知道，她真的投水了。后来，人们便把段氏投水的地方叫"妒妇津"，相传凡女子渡此津时均不敢盛妆，否则就会风波大作。

这个著名故事反映了爱情中普遍存在着的嫉妒心理。那么，什么是嫉妒呢？嫉妒是指个体和另一个人之间已有的某种重要关系面临丧失，而被第三者得到时，个体所体验到的一种情绪。最为常见的嫉妒现象往往出现在恋情关系中。当然，在恋爱的不同阶段，人们的嫉妒心理的表

现是不同的：

在恋爱初期，也就是萌芽阶段，当一方感受到来自对方的爱时，他（她）都会有一种幸福的感觉，但转念一想，他（她）会产生疑问：他（她）在曾经有没有也这样对另外一个人好呢？也爱到这种程度吗？即使双方已经实实在在地成了难舍难分的情侣了，还不满足。一旦知道自己的情人曾同别的异性有过较亲密的接触和感情上的交流，便耿耿于怀。这是一种对恋人的过去的嫉妒。当两人的交往日渐增多，彼此成了生活中不可缺少的一部分时，双方开始对对方的言行举止比较注意，一些细小的事情或行为，常常容易招来疑惑，引起嫉妒。

有对恋人就是这样，某天，男人下班路上遇到以前的女同学，碰巧他们住得并不远，于是，他们便边聊边走。谁知道，第二天，女人知道了这件事后，妒火顿生，怀疑他们以前彼此有过好感，任男人怎么解释也不听。后来，这股妒火终于把她和男朋友纯真的感情烧伤了。

恋爱中的人们大多数都是敏感的，一些人在听到自己的恋人与其他异性有接触或恋人在自己面前夸其他异性时，便很容易产生嫉妒、猜疑。如果恰巧这时，恋人又对自己的话进行辩解或坚持自己的想法，那么，他们肯定更坚信自己的判断了。在这种情况下，她（他）往往会产生一种“缠住他（她）”的心理，企图以此减轻自己内心的不安。这种情形在女性中较常见，是恋爱进入后期时容易产生的一种嫉妒导致的。

其实，嫉妒也不只是女人的专利，男女双方都会有，只是表现方式不同。假如同样是因为第三个人而出现嫉妒心理，那么，女人的做法是转嫁矛盾，会把愤怒转移到第三方身上，认为她是破坏他人幸福的狐狸精，而男人的做法则是直接对女友发泄，认为其感情不专。

事实上，多半情况下，嫉妒给恋爱中的人们带来的是负面的影响，尽管这样，一些人还是很享受甚至是故意制造出让对方产生嫉妒之心的事件。

曾经有一项针对大学生恋爱的研究表明，三分之一的年轻女性和五分之一的年轻男性会与其他人打情骂俏或者谈及前任伴侣的事情，试图以此得到现任爱人的关注并借此加强他们之间的关系。但不幸的是，在多数情况下这些策略实际上没有帮助作用，反而伤害了关系。

心理学对于爱情嫉妒的产生有着不同的解释。其中一种观点认为嫉妒是人格上的一种倾向性，认为人与人之间的嫉妒表达的差异在于各人的嫉妒人格特质的不同。

其实，恋爱中的嫉妒心理，根源于私有制，是占有欲的一种表现。在嫉妒者看来，既然我俩相爱，你就是属于我的，一切必须以我为核心，否则，就是对我不专。爱情当然必须忠诚和专一，但忠诚和专一并不等于一方对另一方的“占有”，爱情应与社会和事业联系在一起，如果撇开大千世界，让恋人整天围着“我”这个轴心转，这不仅实际上办不到，而且这种爱情是苍白的。

另外，嫉妒心强的人，出轨的欲望也很强。人自己想做某件事时，也会感觉别人同样想做这件事。这种心理在心理学上称为“投影”。也就是说，嫉妒心强，内心会猜疑：“她（他）是不是想出轨？”而背后隐藏的心理是“因为我想出轨，所以她（他）肯定也在想同样的事情”。所以，有时候，那些嫉妒心强的人，并没有找到嫉妒心的真正起因，反而认为这是深爱对方的表现。

许多事实都说明，嫉妒是对爱情的一种破坏，是笼罩在恋人间的一层阴影。嫉妒发作时，人们往往会失去理智，做出一些令人后悔莫及的蠢事来。古往今来，由嫉妒而造谣者有之，自杀者有之，杀人者有之，毁物者有之。嫉妒就是这么个东西，实在有根除铲尽的必要。

因此，恋爱过程中，一方产生嫉妒后，不要采取简单粗暴的做法，将深情的爱连同嫉妒的污水一起泼掉，而应当进行细致、合情、入理的“冷处理”，让嫉妒造成的不幸裂痕在真诚的尊重和体贴中愈合。

嫉妒并不是爱情中的见证，它往往与一个人的个性、心胸有很大关系，气量小的人容易产生嫉妒。因此，抵制和根除嫉妒，最根本的就是要加强学习和提高修养，培养宽阔的心胸、高尚的情操。

如何判定女性是否情感“走私”

我们都知道，感情、婚姻中最大的杀手就是出轨，但男女双方，无论是谁出了轨，肯定都做得非常隐秘。尤其是女人，对于外遇会更加小心谨慎。你的妻子是否有外遇，从她口中是很难得出正确答案的。但是，凡事都有征兆，就像下雨前蚂蚁搬家一样，做丈夫的你要留心看你妻子是不是表现反常，以判定她是否有外遇。我们先来看下面的故事：

小蔡和丈夫小张大学时候就开始恋爱了，毕业以后，两人顺利步入了婚姻的殿堂，可以说，他们是周围同事、同学、朋友羡慕的模范夫妻。小张是个体贴的男人，在学校的时候，他就一直充当着大哥哥的角色照顾小蔡，而且无微不至。而小蔡则像一只温柔的小鸟，总是偎依在小张的身旁。

婚后，小张提出自己创业，并要努力为妻子换个大房子。于是，他们便把几年存下的积蓄拿出来，开了自己的公司。从此，小张起早贪黑地工作，常常应酬到半夜才回家，然后倒头就睡，偶尔早回家，也是埋头查资料、写方案。

小蔡变得孤独了，刚开始，她总是在丈夫身边，希望丈夫和自己说说话，但丈夫太忙了，他期盼着成功，期盼着为妻子带来高品质的生活。然而，小蔡对丈夫并不理解。

久而久之，小蔡开始出去结交一些朋友。后来，她通过朋友介绍认识了一个健身教练，小伙子干净、阳光、贴心，小蔡很快被他俘虏了。

有了新恋情后的小蔡好像换了个人似的，每天都打扮得光鲜亮丽地出门，晚上很晚才回来，有时候就打电话告诉丈夫自己睡在好姐妹家了。而她再也不在小张身边唠叨了，小张是个大大咧咧的男人，对妻子的这些异常并没有在意。

一次，小张下班回家，在楼下等电梯，隔壁邻居王大姐说："张先生，你工作很忙吧，不过你还得多关心你太太啊，你知道，你太太那么漂亮，一个人很容易被人惦记上的。"小张听得出来，这是话里有话。

晚上回家后，小张综合考虑了一下妻子最近的表现，她肯定是有外遇了，想一想，自己真是疏忽了……

我们并不知道这个故事的结局，但从这个故事中，我们可以看出，一个女人如果有外遇了，她必定会露出一些破绽，比如：

1.突然很注重穿着打扮

如果你的妻子曾经是个家庭主妇，经常在家不修边幅，而现在经常会穿着光鲜的衣服出门，还会经常买一些性感的内衣或者是晚上回家后穿着新买的内衣，那么你就要警惕点了。

2.行踪可疑

以前，你的妻子按时上下班、接孩子、做饭，即使是周末，也是和你守在一起。但现在，她经常早出晚归，你打她电话，也是经常打不通；她经常称自己要加班或者和某个姐妹出去玩，另外，你的某个朋友或者熟人告知你的妻子与某个异性出入宾馆、饭店、电影院等。

3.突然神秘兮兮地接电话

以前，她最讨厌的是接电话，突然从某一天起，她总是抢在你的前面去接听电话，并且交谈的声音比往常低，交谈几句就匆匆挂断。

4.工作习惯、生活习惯突然改变

你的妻子工作时间突然无故延长；加班的次数变得频繁；对单位的一切活动，如舞会、联谊会、旅游等参加得比往常积极。

5.可疑的物品

你的妻子经常带回鲜花、礼物或纪念品；你帮她洗衣服时发现情人节卡片或某酒店、舞厅的优惠卡；你与妻子很久没有过性生活了，但突然从她衣服口袋或提包里发现了避孕套或避孕药。

6.对你不再上心

在家里时，你的妻子总是坐卧不安、心神不宁，做梦的时候还会呼唤着另外一个异性的名字，曾经她对你照顾得体贴入微，而现在，她好像看不见你似的。

7.同事、邻居、同学、朋友看你的眼神很特别

不得不承认，当局者迷。当你的妻子有外遇时，通常知道最晚的是你自己，你的同事、邻居、同学或朋友可能先于你知道，当他们亲眼看到或风闻你的妻子有外遇时，想告诉你又担心你承受不了，所以，他们看你时的眼神总是显得与往常不一样。

8.突然又能忍受你的坏习惯

如果你有赌博、酗酒等不良习惯，过去你的妻子一直唠叨着企图劝你改掉它，现在她却突然不再唠叨了。

以上所列，是女人情感“走私”的通常表现，但这并不是说，凡有上述表现者，一定都有外遇。不过，可以肯定地说，在这八种表现中如果有四种以上同时出现仍无收敛，那么，她情感“走私”的可能性就很大，值得你注意或引起警惕了。

女人情感“走私”后，通常比男人更隐秘，更难让人察觉，因为她们的情感更细腻。为此，男人在日常生活中最好还是对妻子多关心，以减少妻子出轨的可能性。

怎么看出一个男人是否花心

有人说：“男怕入错行，女怕嫁错郎。”对于一个女人来说，如果

你嫁的是一个花心的男人，那么你的婚姻生活肯定是不幸的。为此，任何一个女人，都有必要尽早看清楚你的爱人是否花心。

我们先来看一个女人的自白：

“我认识我老公的时候，他当时正失恋。随后，他开始追我，那阵子我身体很不好，住在医院，他便天天去看我。但家里以及所有的朋友都反对我嫁他，其中一个朋友对我说，穷男人不能嫁，花心男人更不能嫁，如果又穷又花心，那就是火坑。他们告诉我他在我之前至少跟5个女人同居过。我没有介意，因为他并没有瞒我。结婚一个月后我怀孕了，到那时我才知道，他为了娶我，欠了很多债。我跟他商量，以后他的工资做日常开销，我的存起来，以备不时之需。他同意了。但因为我的工资比他高出很多，结果每个月发薪水那天，他都会发脾气。再后来女儿落地，他却在那个时候辞了职，说是要做生意。我把我全部的积蓄都给了他。

“不幸的是，他根本不是做生意的料，钱全部赔掉了。孩子出生后三个月，我就开始上班了，因为家里实在没钱了。而就在那个时候，我发现他有了外遇。他对我坦白，说他过去的那个女朋友来找他了。我当时就哭了，但他向我保证，以后不会再做对不起我的事情。但不久，我就撞到他们在一起，那一次，他竟然当着她的面对我说离婚。那件事情对我打击很大，我病了很长时间。大概两个月后，他来找我，发誓甚至跪在我面前求我，我相信了他。但不料，我又发现了他和那个女人的暧昧短信。最近我发现自己又怀孕了，我说等我把孩了流掉之后，咱们分开吧，他说不要老说这些话，他跟她没有可能的，我永远是他的老婆。

他说想要这个孩子，但是被他伤了这么多次之后，真的很难再去相信他，我到底应该怎么办？”

可能当我们听完这个故事之后，一定会说，这样的男人还有什么好留恋的？换句话说，如果这样的事情发生在她周围的任何一个朋友身上，估计她自己都会坚定地说：“离婚！”花心男人假如屡屡得手，必然是有恃无恐越发猖狂，同时，越来越把你当傻瓜。所以，尽早识破花心男人，既可维护社会安定，也可维护你的个人尊严。在这个问题上，女人决不能心慈手软姑息养奸。

可是，也许有些女人会问：怎样才能尽早识别身边的男人是不是花心呢？

1.公共场合，看他对你的态度

有些男人在私底下对自己的女朋友很好，甚至会提出一些亲热的要求，而一到了公共场合，他就装出一副不认识你或者与你不熟悉的态度，也不愿意把你介绍给他的朋友，这样的男人肯定有问题。要对此进行判断，你不妨主动要求他把你介绍给他的熟人，注意观察他的表情；再或者，你可以主动靠近他，在他朋友面前做出亲昵的举动，要是他的朋友知道他和别的女人有染，他一定会因此狼狈不堪。

2.看看他是不是真的在忙

有些男人经常向自己的女朋友谎报自己正在加班、见客户，其实，他们是为了与其他女人约会。对此，你不妨根据他说的，亲自去现场一查究竟。当然，对于你的突然到访你要找个好点的借口，比如，顺路送点汤、在附近逛街等。如果发现是他说了谎，那你就需要重新认识这个男人了。

需要指出的是，这一条务必慎重，仅凭本条是没法最终定案的。

3.突然袭击——去他家，看他的反应

如果他是个专一的男人，那么，当他知道你已经在他家楼下，他一定很高兴，然后亲自去楼下接你；而如果他是个花心的男人，那么他家肯定有什么不可告人的秘密，当你突然提出要上去看看时，他一定会找借口推托。如果他惊慌失措地出言拒绝，那一定是心里有鬼，即使不是花心，也是难以信任的，和他交往还是小心为好。

4.要清楚他的收支状况

男人花心也是需要代价的，至少他要在金钱上应付两个或者更多的女人。因此，你要多留个心眼，如果他莫名其妙花去了一大笔钱并没有告诉你，或者在他的口袋里发现了某些适合男女约会的场所的收据，那么，你最好要搞清楚真相了。

5.看他的手机状态及接听方式

那些花心的男人通常在对待自己的手机上会有以下这些表现：回家后总是把手机小心翼翼地放在自己身边，而且，无论是来电铃声还是短消息的提示音，他都会第一时间拿起独自察看，回复短消息也是悄然进行。

当你想拿他手机打个电话，如果他有问题，那么他肯定会找个办法拒绝，实在无法拒绝的时候，他会监视着你使用电话。即便如此，在你借用电话时他仍会坐立不安和惶恐不安，一旦发现你有查阅手机记录的迹象，立马会抢夺手机。

6.看他身上残留下的香水味道

女人一般都有自己钟爱的香水品牌，所以，如果有一天他的身上残留着你认为陌生的香味，那他就很可能与别的女人有染了。这是一条很古老的鉴别方法，却很有效。

花心的男人为了掩饰自己的花心行为，通常会做出一些“奇怪”的举动，为此，女人们，只要你细心观察，就能找到蛛丝马迹。当然，如果他是个花心的男人，那么你最好趁早斩断情丝。

第12章

解密职场：看透职场达人微行为背后的真意

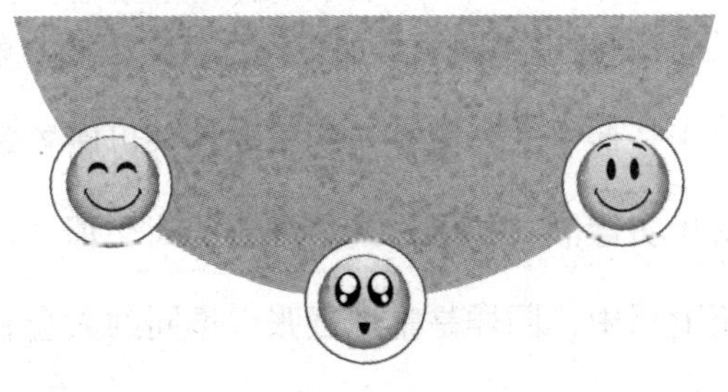

身处职场，我们都处于复杂的人际网络中，不仅需要和同事打交道，还有可能要和上司、下属甚至面试官交流。不同的人有不同的性格、行为方式，这需要我们用不同的方式去面对，而这些，我们都能从对方的一些微行为中察觉出来。总之，我们只有先做到洞察他人的性格并善于研究各色各样的人物，才能在职场中左右逢源、游刃有余。

整理文件夹的习惯暗示同事性格

现代社会，我们要进入职场参加工作，就必须要与各式各样的文件打交道，文件对于任何个人乃至企业的重要性都毋庸置疑，我们也常常被那些纸张弄得焦头烂额。如果你是个细心的人，那么你会发现，在你周围的同事乃至上司中，同样是整理纸张，不同的人会有不同的做法，这也暗示着每个人的不同性格。我们来看下面的故事：

秦琼才30岁，毕业6年时间，在毕业的同学中，他可谓是事业有成。目前，他已经开了一家自己的广告公司，还有一间印刷厂。这几年，公司业务很多，秦琼忙得不可开交。最近，让秦琼更烦躁的是，跟了他6年的秘书小李因为怀孕休假在家，不能来上班了，无奈，秦琼只好再招了一个女秘书小王。

然而，就在上班第一天，秦琼就注意到这位女秘书好像有点奇怪。

平常，公司的一些文件都是交给秘书整理和保管的。这天，当小王和小李把工作交接完后，小王便开始投入工作了。

因为家事，秦琼这天来得比较晚，当他进入办公室的时候，已经快十点了。他看到小王在整理过去的一些文件，秦琼心想，这个新来的女

秘书真不错，工作还挺认真、努力。

后来，秦琼透过办公室的玻璃窗看到，小王好像一上午都在整理，也许是工作效率低吧，秦琼这样想着。可是，让他感到奇怪的是，接下来的一下午，小王依然在重复那些工作，秦琼开始怀疑，这个女秘书会不会有强迫症呢？于是，接下来，他准备去测试一下，他打电话对小王说：“小王啊，你帮我找今年6月份的营业额表格，一会儿送到我办公室来。”

“好的，秦总，您稍等。”

秦琼留意到，小王在找到那份文件后，又重新把之前的文件整理了几次，这下，秦琼可以确定自己的想法了。于是，当小王送来文件后，他尝试着问小王：“小王，你有没有意识到自己在整理文件时有点怪呢？”

“我知道秦总的意思，我有强迫症，一直在治疗，这周末我还约了心理医生，请您放心，我不会影响到工作的。”

“是这样啊，那我的担心多余了，我以为你没有察觉到这一问题，那你还回去忙吧。”

这则职场故事中，秦琼是个善于观察的上司，从反复观察下属整理文件这一行为，他发现小王有强迫症，这一点，小王自己也清楚。

当然，我们周边的同事，并不是所有整理文件比较慢的人都有强迫症，但具体来说，我们可以根据他们的这一做事习惯来大致看出他们的性格特征：

有一些人，他们习惯性地把用过的文件用订书机装订起来，他们这样做，是为了防止文件丢失或损坏。这类人一般非常自信，善于观察思考，很少出错，看准一件事情后，就会坚持到底。平常生活中，他们领导力和控制欲较强，说一不二，甚至有些固执。

有一些人喜欢把文件、材料放在活页夹里，或者用夹子、曲别针等暂时固定，取用方便。这样的人比较灵活，为人处世比较谨慎小心，但他们并不自私，生活中，他们会实际考虑到他人的想法，甚至有时还会迎合他人，他们对自我要求严格，办事认真可靠。

另有一部分人，喜欢用胶水或胶带整理、固定文件。这样的人内心缺乏安全感，在他们看来，只有掌控好自己手中的物品，才能让自己心安。有时，他们疑心较重，总是担心事情没有办好，并用各种方法反复试探。

还有一些人，他们的办公桌上总是摆放了各种文件，当他们需要文件的时候，他们会在一堆杂乱的纸张中寻找，当他们意识到自己的办公桌需要清理时，他们才会整理一下。他们多数喜欢自由自在、无拘无束的生活，性格随意大方，生活和工作分得不是特别清楚，也不会给自己太大的压力，更不喜欢用规则束缚自己。与他们在一起，对方也常会觉得轻松、自在。

当然，需要注意的是，如同故事中的小王一样，如果一个人总是反复清点文件、物品，数几遍还不放心，则要警惕是否有强迫症。

人们整理文件时的不同习惯，体现了人们不同的性格：喜欢把文件暂时固定的人，思维灵活多变，为人谨慎小心；喜欢直接装订起来的人，则一般都很自信，善于观察思考，很少出错。总之，整理文件的小习惯也会暴露你的性格特质。

观察考官微行为，将绝妙技巧运用到求职面试中

生活中，我们若想进入职场工作，就免不了求职面试这个过程。如何让考官点头同意是每个求职面试者都需要面对的问题。有人说，求职面试其实就像一场推销。当你面试的时候，你其实就是一名推销者。应聘者的目的是什么？把自己推荐给考官，努力让自己被考官选择。推销者的目的无非也是将自己的货物推荐给客户，让客户选择自己的货物。因此，不难看出，应聘与推销在本质上是没有什么差别的。

在这个过程中，如果能懂得一些心理学知识，懂得分析考官的微动作，那么，便能掌握考官的心理，然后投其所好地表达，从而跳入考官的口袋，让他们“就范”。

那么具体来说，我们该怎样做呢？

1.重视考官的微表情，适时调整话题或自己的观点

“微表情”不是求职者的专有名词，考官也有“微表情”。求职者如果能察言观色，也可以洞察面试官的内心，并在面试中投其所好，适时调整或转换一些考官没有兴趣的话题或不赞同的观点。

人力资源专家认为，读懂考官的“微表情”，有利于在面试中及时扭转败局。例如，有人说，面试时考官的右手总是撑在脸上，中指封在嘴上，食指伸直指向右眼角，左臂横在胸前，目光很少对着求职者，这样的肢体语言，基本可以表示他对面试者不感兴趣。

2.善于沟通，避免冷场

不管出于何种原因，不会说话大都是求职大忌，很容易让人怀疑此

人的能力。

往往面试开始时，应试者不善于打破沉默，而等待面试官打开话匣。面试中，应试者又出于种种顾虑，不愿主动说话，结果使面试出现冷场。即便能勉强打破沉默，语音语调亦极其生硬，使场面更显尴尬。实际上，无论是面试前或面试中，面试者主动致意与交谈，会留给面试官热情和善于与人交谈的良好印象。

其实，我们不妨从“自我介绍”开始！介绍自己时不要结结巴巴，回答问题要理清思路，不能让人摸不着头脑，声音要洪亮，咬字要清楚，尽可能让沟通顺畅。这样说话，才会让考官觉得：这名求职者很自信，表达到位！这对面试过程的顺利进行是极有好处的。

然后你可以寻找一些感性而轻松的话题，最好你能看出他的一些兴趣。比如说：小麦色的皮肤说明他很爱户外运动，说话中明显的“e时代特色”在告诉你他也是“网络一族”，试着和他聊一聊。记住，在聊天的过程中，要对他的话作出及时的反应，说一些不会令自己“死机”的话，这样可以使他提升对你的兴趣。

3.语言要形象生动、富有情趣

在面试交谈中，应试者每时每刻都应该使自己的语言形象生动，富有情趣。如果交谈者情理相容，讲出的话带有感情渲染的风味，讲话不呆板，会给考官留下一个精明强干的印象。表达要简洁、清晰、直率、准确，切记不用模棱两可的话语或模糊性语言，不卖弄学问。针对问题，回答干干脆脆，使考官产生一种舒适感。

4.巧妙回答一些尖锐的问题

（1）“为什么你直到现在还没有找到工作？”

如果按照诚实原则，应当回答：“现在找工作太难啦，我看上人家，人家却看不上我。”而按照恭维原则，应当回答：“我对我以前的工作不太满意，所以我辞职之后进修去了，参加了一些培训，读了一些书，现在我终于知道我应当去哪里了。”以此恭维应聘公司是一个有档次的地方，只有那些知书达理的人，才会认识到它的价值。当然，这个问题也可以这样回答，“我对选择工作是非常挑剔的，我不想随便找一个没有挑战性的工作”，以此恭维应聘公司是一个有挑战性的地方。面试官作为该公司的代表，也自然乐意接受这样的恭维。

（2）“你为什么要辞去以前的工作？”

如果按照诚实原则，应当回答：“我跟经理合不来，他快把我逼疯啦，我必须离开。”但是这样回答之后，你肯定会给人事经理留下一个坏印象：这人可能是一个不太合群的人，他既然跟以前的上级合不来，说不定跟以后的上级也合不来。 可以这样回答：“到贵公司来，更有我发展的空间。”

（3）“你想要多少薪水？”

如果按照诚实原则，应当回答：“月薪五千。”而按照恭维原则，应当回答“我会考虑您能提供的最高薪水”，以此恭维应聘公司有鉴赏力和洞察力，能够根据一个职员的能力和经验，支付相应的报酬。

求职面试的时候，知己知彼才能百战百胜，每个人都爱听好话，考官也是。因此，我们只有学会观察考官的微动作，了解考官的心理，才能说出令考官悦耳的话，才能打动考官的心，进而赢得他们的好感。

注意言行，面试中要杜绝一些微动作

我们都知道，面试是每个求职者的必经之路。既然要面试，就免不了要与面试官打交道，考官考察的是面试者的多种能力，不同的能力自然能够为求职者带来不同的面试机会。但你需要明白的是，即使你再有才华，你的经验再丰富，在面试过程中，如果你不注意自己的一些小动作，那么，你也可能被踢出局。毕竟，每个考官的眼睛都是雪亮的，他们能从你的一些微动作中察觉出你的一些缺点，进而对你产生不良印象。我们先来看下面的故事：

章飞是某大学的大四学生，学习人力资源管理专业，还有半年就要毕业了，所以他已经开始找工作了。一个偶然的机会，他听说自己向往已久的一家大型国企招聘人力资源主管，因此便抱着试试看的心态投递了简历。虽然这家公司想招聘有工作经验的人，但是，因为章飞的条件比较好，所以公司还是破例给了章飞面试的机会。

机会来之不易，看着黑压压的面试人群，章飞十分紧张。面试分为初试和复试，因为准备充分，所以章飞顺利地通过了初试。他欣喜若狂，觉得自己离心仪的工作又近了一步。复试的时候，由总监亲自当考官，不过，没有什么设计好的问题，只是看似随意的交谈。总监很和善，章飞在总监的引导下，有条不紊地回答着总监的提问，心情渐渐放松了。不知不觉之间，他把手插到了裤兜里，和总监侃侃而谈。不一会儿，谈话结束了，在章飞离开之前，总监淡淡地提醒他道："小伙子，我认为你各方面的条件都很好，虽然没有工作经验，却是个可造之材。不过，我想提醒你，下次面试的时候千万不要把手插在裤兜里！"听完总监的话，章飞的心凉了半截，他知道自己已经失去了这个千载难逢的工作机会，而唯一的原因就是不合时宜地把手插到了裤兜里。

我们每个人都可能有一些习惯性的小动作，但面试中，无论你和面试官谈得多么融洽，都不能忘乎所以。案例中的的章飞，如果不是因为忽视了手插在裤兜里给人的不良印象，怎么会与心仪已久的工作失之交臂呢？

那么你该如何避免在身体语言上犯错？以下是一些会让你失去工作机会的错误示范：

1.套近乎、侵犯其个人空间

每个人都有领地意识的，并且对方毕竟是面试官，不要与其站得太近，当然也不要拥抱他们。

2.握手时软弱无力

你应该做的是，站起身来，自信地走向你的面试官，然后面对微笑，与其进行眼神交流。

专业的招聘人员曾说："握手时千万不能软弱无力，但你也需要记住，力度也不可过大，握手的诀窍是手掌与手掌接触。伸出你的手，将手自然滑落到对方的手掌范围内，让手掌与手掌相接触。与对方大拇指紧扣，与对方施用同样的力道。"但记住合适的力道因文化不同而有所差异。

3.交叉双臂

那样会使得你看上去显得很自我，且有防备之嫌。如果你能在交谈时选择用双手来做一些手势，那么你的表达就有激情多了。

4.不良的姿势

坐姿要挺拔，不对称的身体语言会让你看上去局促不安或不诚实。

5.拨弄头发

这样做虽然能让你减轻一些压力，但显得很孩子气，另外，这样也会分散面试官的注意力。

6.缺乏眼神交流

面试时，偶尔移动眼神是很正常的，但当面试官与你交流时，请一定要与之进行眼神交流，你要将眼神交流视为一个联系工具。

7.坐立不安

不要摸你的脸、摆弄口袋里的零钱或咬指甲。坐立不安既令人分心，也是焦虑的一种表现。

8.表现出你不感兴趣的样子

“如果你面部表情丰富，这没有关系，”专家说，“这使你更讨人喜爱。”但是要注意你的面部是什么表情，在面试过程中也不要看手表或手机，否则容易表现得紧张或不友好，微笑，但要淡淡地。

9.隐藏你的双手

不要坐在你的双手上，也不要把双手藏在你的大腿中间，要把手放在椅子扶手上或桌子上或用来做手势。手势使你看上去更具表达力，面试官能够通过关注你的双手而读出你有多么敞开心扉和诚恳。

面试过程中，一个人的实力和自信都能通过身体语言来传达，还有你的紧张程度，以及你有多么开诚布公和多么诚实。但你需要记住一些面试中不能做的小动作，它们只会让你在面试官心中减分。

左右逢源，学会与周围各种性格的同事相处

身处职场，我们都处于复杂的人际网络中，只有知道如何洞察他人的性格并善加研究各色各样的人物，才能在职场中左右逢源、游刃有余。因此，任何一个职场人，都要学会把心理学运用到职场人际关系中。我们先来看下面的职场故事：

在大学就读商务英语专业的小雅毕业后经家人介绍进入了一家外企的公关部工作，她的表姐是这家公司的另一部门的主管。公司报道第一天，大家对她都很热情，当时，小雅心想，同事们真好。

这天下班后，表姐就找到小雅，问她和大家相处得怎么样，小雅说：“大家对我都很好啊。”

“知人知面不知心，你得留个心眼。当然，有些同事是不错，不过有些人可就是牛鬼蛇神了，当着你的面，他们对你热情，背后就不知道干什么了。”表姐说。

“那我该怎么办啊？”小雅着急地问。

“在一个星期内看完这本书。”表姐丢给小雅一本叫《心理学与微动作》的书籍。接着她说：“学会自己看人，很多小动作都是内心活动

的显现，以后你要走的路还很长，看清那些同事们的性格，找到与他们相处的最合适的方式，你才能在这个大公司很好地生存和发展。”

“嗯，我明白了……”

这也给我们一定的启示——要读懂周围的同事。对于那些攻于心计，总是处心积虑挖掘别人的内心世界，而从不把真实面目露给世人，懂得周旋于同事和老板之间从而处于交际中的主要地位的同事，你一定要有所提防，不要被他所利用，成为他社交布局中的一颗棋子；而对于那些嘴巴好似抹了蜜，但当面一套、背后一套的同事，你最好敬而远之，能避就避，能躲就躲；对于那些得理不饶人、说话刻薄、好揭人短的同事，你要与他拉开距离，尽量不去招惹他，不恼不怒，与他保持相应的距离……

职场只是社交的一个小部分，我们往大处看，在与人相处的时候，更要具备一定的洞察力，一步到位看清对方的性格，比如，从难以伪装的习惯动作看出对方的心态，从被忽略的生活点滴推知对方的性格，这样才能在最短的时间内，达到我们的社交目的。那么，在与人交际的过程中，大致要从哪些方面识别一个人的性格呢?

1.通过谈话来识别

语言是性格的最好体现，我们在不到三分钟的彼此交流中，大致就能看出一个人的性格，那些侃侃而谈的人属于性格外向型；那些谨慎措辞的人一般做事小心；那些喜欢谈论生活点滴的人性格稳定；那些说话颐指气使的人可能习惯了支配下属；那些说话音调高的人，往往性格浮躁、任性……

2.通过外表和装扮来识别

首先是色彩上，通过一个人的服色可以加深对一个人的了解。性格豪放热烈者一般喜欢大红色，他们一般表现欲强，不拘小节；而经常穿橙黄色服装的人常常是热情好客的，他们的性格色彩是温暖的；喜欢淡蓝色服装的人通常是逍遥超脱者；而常穿翠绿色服装的人许多是高雅者，当然其中也不乏颇为清高的人；总穿深灰色服装的人肯定是在思想上较为保守、办事稳重沉着的人。当然，这些都是一种倾向，并不能给一个人的性格定型。

再次，就是装扮的档次、品位等。一个注重服装品位的人同时也很注重个人修养，一个追求高档次服装的人在经济上应该有一定的优越感，同时，也很注重外表。

3.握手方式上

握手是社交活动和商务礼仪中不可或缺的一部分内容，美国心理学家伊莲嘉兰曾对握手的含义进行了分类，分析认为：握手有8 种类型，每种类型代表着不同的含义，显示出不同的性格。

当然，这些只是看清他人性格所用方法的一部分，能帮助我们在第一次接触时、在最短的时间内看透一个人，察觉其心态，洞悉其真实意图，帮助我们成功社交。

现代社会的职场人士，除了要具备一定的职业能力外，还必须学会怎么和同事、上司相处。因此，当我们进入职场的第一天，就应该仔细观察，从各个方面弄清楚每个人不同的性格，给自己打不同的预防针。

站立时喜欢双手叉腰的同事多属强势者

在我们工作的周围，你是否发现一些同事，他们总有个标志性动作：站在他人身边，总喜欢双手叉腰，那么这类人的性格是怎样的呢？对此，我们不妨先来看下面的职场故事：

某幼儿园招聘老师，这天，有两位应聘者来到了园长办公室，一男一女。看过二人的简历后，园长很满意地点了点头，因为他们都有好几年的从业经验，但两名都很优秀的应聘者让园长也犯愁了：现在幼儿园只需要一名老师，该选谁呢？

不过，丰富的识人经验让校长最终淘汰了那个看似很温柔的女孩。事后，其他老师不明白园长为什么这样选择。

“难道是因为幼儿园都是女老师，需要调剂一下？”有个老师这样开玩笑。

“好吧，跟你们分享一下，他们两个人都挺优秀的，但那个女孩可能不大适合和小朋友相处。在他们来到办公室后，我就留意到她的一个姿势：总是用手叉腰，即使坐下来，她还喜欢这样，我以前阅读过一些识人心理方面的书，这类人一般都有强烈的控制欲望和支配欲。当然，我不能仅凭这个动作给一个人下定论。后来，我研究了一下，她虽然做了很多年的幼儿园老师，但在每个幼儿园做的时间都不长，最长的也不过三个月，我想，她也许是一个爱好幼儿园工作的女孩，但可能在与孩子的相处过程中并不愉快吧……”

这则案例中，这名幼儿园园长是善于识人的，在发现应聘者有叉腰

这一习惯性动作后，他初步判断出对方是个强势的人，然后，通过对对方简历的分析，他更确定自己的判断。的确，一个与孩子相处不好的人又怎么适合做幼儿园老师这一工作呢？

从这一案例中，我们不难得出，双手叉腰，双肘向外，这是古典体态语，象征着命令，同时也意味着在与人接触中，他更希望自己可以支配别人，有强烈的领导意识。

另外，在某些场合，叉腰姿势会导致对别人的冒犯。例如，第二次世界大战结束时，在接受了日本人的投降后，道格拉斯·麦克阿瑟将军站在日本天皇旁边，拍了一张照片。天皇站在那里，小心翼翼地把双手置于身边，不敢造次，而麦克阿瑟将军把手置于髋上。日本人把这个漫不经心的姿势视为大不敬的标志。

我们可以看出，当你与别人聊天时，你的一些小动作很容易泄露你的潜在态度。当然，在某些情况下，双手叉腰也能帮助我们宣誓主权和立场，让我们看起来更有威严。

那人们这一动作的心理动因是什么呢？从起源上来看，可能是源于面对敌人时，把双臂张开或者插在腰间可以扩张自己正面的面积，以此来恐吓敌人。这只是一种猜测，但是自然界中有很多生物都是以这种方法御敌的，所以不排除这样一种假设。假设成立的话，现代人习惯性地做这种姿势，表明他是一个生活上强势的人，在各个方面或者某一方面咄咄逼人。但反过来说，这种姿势也可以表明此人在掩饰内心的不安和怯懦。很简单的道理，越是内心不强大的人，越是会找出各种方法来掩饰自己，这是性格上的两个极端。这两种性格的心理动因都是相似的。

总之，我们能总结出一点：叉腰这一动作暗示的是强势心理，有进攻意味。职场中，与喜欢叉腰的人打交道，需要根据具体情况，找到具体的应对策略。比如，如果他是你的领导，那么你最好顺从他，听从他的指示办事；而如果他是你的同事，那么你不必忌惮他，不要被他的“花架子”所吓倒，你需要告诉自己，他不过是只纸老虎，气场不足才会有这样的动作，进行这样的心理暗示，会让你更有底气。

双手叉腰，在很多文化里都表示愤怒，挑衅，或者质疑，总之在身体语言里，双手叉腰都是一种强势符号。

注意上司眼神，了解其心情

身处职场，我们每个人都有自己的上司，都免不了要与上司打交道，是否懂得在正确的时机说对的话、做对的事，事关我们的职场命运。而要做好这一点，就需要我们细心一点，学会观察、分析上司的心思。比如，如果你想提升职、加薪的事，那么最好选择上司心情好的时候；如果你发现上司绷着脸，那么，你最好不要向他提及一些可能会加重他负面情绪的事。事实上，上司的心情与态度如何，我们都能从他的眼神里看出来。

邱斌是一家大型健身器材公司的业务经理，可能是他本身性格的关系——老实本分，不善言谈，他带领的团队业绩一直不理想。面临销售瓶颈，他的直属上司给他下了一个死命令——必须做出新的销售方案，

解决线下的销售问题。苦思冥想后的他终于做出了一套方案，他在向上司汇报工作方案并征求其意见时，却不料上司让他自己去找解决办法。可见，邱斌的方案并没有让上司满意。令邱斌不解和气恼的是，他明显感觉到最近一段时间，上司好像跟自己有仇似的，即使是别的部门出现了一些故障，开例会的时候，上司也总是拿他出气，这些传到下属耳朵里，让他很没面子。

邱斌思前想后，自己并未得罪过上司啊，那他为什么几次拒绝自己的销售方案，也并不给一点意见呢？他到底想怎样？邱斌觉得自己肯定是要被炒鱿鱼了，想到这些，他就烦躁不安。于是，他决定豁出去，跟上司摊牌。

这天，他坐在自己的办公椅上，远远看到上司笑眯眯地进了他自己的办公室，眼神都在放光，他心想，上司今天应该是遇到什么好事了，看样子心情不错。于是，他鼓足了勇气敲开了上司办公室的门，并表明自己有一些不解的问题要请教。上司请他坐下后，他告诉上司，他很喜欢这个工作，也很热爱自己的团队和公司，更希望在上司的带领下好好发展和提高自己，并把公司的销售业绩上升到一个新的台阶，同时也希望自己可以帮助上司一起将公司发展壮大。上司一听邱斌有这样的想法，高兴得直点头。邱斌一看上司已经在心理上接受了自己，就开始慢慢诚恳地陈述自己最近心头的一些疑惑，希望上司能真心地帮助自己，并给自己今后的工作方案以更为明确的指示和指导。

听到这儿，上司明白了邱斌的真正来意，哈哈大笑地说：“你每次让我给你提建议时总是笼统地问这个计划行不行、那个问题怎么解决，由于我不在第一线，所以没办法给你具体的指导，只好叫你自己去找办法了。”

这次开诚布公的面谈让邱斌明白了自己与上司沟通不畅的症结所在。他知道是自己这次诚恳自然的表达让上司了解了自己。这时，他一下子感觉到了工作的轻松，原来的困惑与不安都被抛到了九霄云外。

故事中的下属邱斌的做法很明显是对的，也是值得学习的。首先，他是个懂得察言观色的下属，根据上司的眼神，他发现上司心情不错，于是，他便趁此机会与上司沟通。当他诚恳地要求主管领导一步一步、仔细具体地告诉他正确的做法和方向时，领导也进入了角色。如此开诚布公的交谈，让上下级之间的关系更紧密，于人于己都有益。

有人说，每个领导的眼睛都是雪亮的。的确，此话不假，也许他早已经注意到你，认为你是个值得培养的人才，也许他正在寻找机会考验你，也许他正想为你安排一个重大的任务，也许他正想给你一个培训和学习的机会，为你的职业生涯发展提供条件。但实际上，很多领导日理万机，不可能对每个员工的动态都能作出准确的判断。那么，这就更需要我们学会察言观色，学会摸清领导的心理，选择合适的机会与领导沟通，然后表现自己，进而最终达到我们的目的。

身在职场，如果你想赢取领导尤其是老板的钟爱、信任与重用，成为其心腹或常伴左右的得力助手，就需要懂得观察领导的微动作、微表情，学会从领导的眼神看其心情和态度，找准时机与领导沟通，做到这些，你将获致莫大助益，从而在职场上一帆风顺、扶摇直上。

第13章

傲居商战：商务活动中的微行为解析

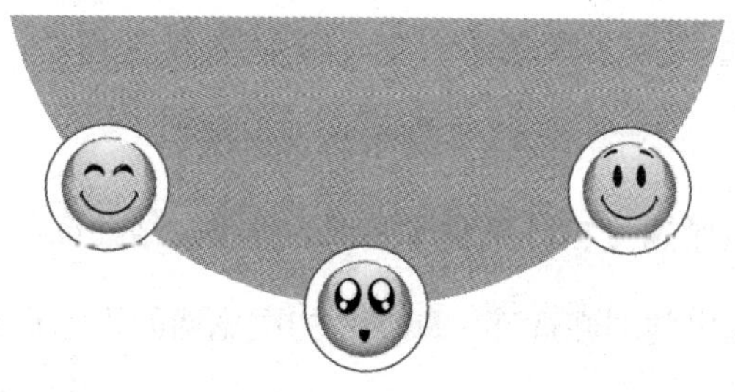

现代社会，我们参与社会工作，就要面临一些商务活动，免不了要与人交涉。这是一个斗智斗勇的过程，更是一场心理上的较量。所谓知己知彼，百战不殆，如果你能掌握一些心理学知识，从微动作入手，找到这些动作背后的含义，那么你便能了解对方，便能做出有助于交涉的对策，成功掌握交涉主动权！

主动伸出双手，展现热情

我们都知道，商务活动中，无论是迎来还是送往，都免不了要握手，这一商务活动中的小动作，实则暗含玄机。

有研究人员曾通过实验研究了握手的效果，结果证明：身体的接触行为能增强人与人之间的亲近感，即使是初次见面的人，也有同样的效果。为了强化这种效果，有人会伸出双手与人握手，这样的人大多非常热情。然而，如此一个简单的道理，并不是所有人都了解，甚至有一些人因为忽视这一礼节而导致商务洽谈活动的失败。我们先来看下面的例子：

小李是某大型公司的一位年轻主管，他负责某类产品的配件加工业务，基于他总是努力工作，公司领导很信任他。一次，公司派他代表公司前往某大公司洽谈一笔大的外包业务。对公司而言，该业务很重要。因为大企业的外包业务量大且稳定，也就是说，如果能拿下这笔业务，公司可以获得一笔很大很稳定的现金流。

为此，小李投入了大量的时间与精力用于前期准备。也许是准备工作做得很周到，双方刚刚接触，对方就表示了明显的好感。有了好的开头，洽谈工作进展也很顺利，最后一天，还留有一些细节问题需要进一步协商。结果，仅用了半天时间，双方便协商好了。

对方要求小李再给几天时间，以向上级汇报，再作最后决定。

小李满口答应了，他本以为这件事可以敲定。不料，两三天过去了，一周过去了，对方还没有动静。他实在忍不住，打电话询问对方的一名代表，对方代表告诉他，事情可能有变故。他请求对方解释一下原因，对方拒绝了。可他不甘心，当他第三次打电话过去，对方告诉他，问题出在最后那天他没和对方代表握手上。

原来，那天，小李满以为事情已经敲定，便掉以轻心，甚至连最后的握手礼也忘记了。也许是潜意识里，他认为大局已定，不需要再小心翼翼。

总之，最后一天，一个小小的疏忽让他失去了一大笔订单。

人们总是说“良好的开始是成功的一半”，而小李则败在了虎头蛇尾上。这告诉我们，“良好的结尾同样是成功的一半”。与人打交道，我们不仅要在最初表现很好，最后阶段也要表现好，分手时更要特别注意，做到有始有终。

我们再来看下面一个故事：

老王在一家涉外公司供职，他负责的是外商的接待事宜。最近公司新来了一个年轻人，被分在他所在的部门，就是这个年轻人，差点坏了公司的大事。

一次，某代表团来华访问，其在华期间的接待工作与活动均由老王负责。因为多年的接待经验，为期一周的访问活动相当顺利，每天都有专人陪同，精心照料代表团成员的饮食起居。终于，这一代表团回国了。回国后，老王给这位代表团的负责人打电话，问及在中国的感受。

对方回答说："你们的工作做得非常好，在中国的这几天我们都感觉很充实，但是，有一位先生似乎对我有意见，这让我很不开心。"这话让老王很是诧异。于是，他赶紧追问原因。

原来情况是这样的，那天，饭局结束后，这位年轻人负责送别代表团。在机场，年轻人出于害羞，连基本的握手这一礼仪也没有。而其实，小伙子并不是真的对人家有意见，只因刚参加工作不久，不知道握手的学问，再加上其他人也没有注意到他的疏忽，因此一错再错，"得罪"了代表团。

幸运的是，老王帮忙解开了这个误会，后来小伙子非常诚恳地向代表团团长道歉，最终挽回了局面。

这则案例中，如果这位年轻人在送别代表团之前能和代表团的人主动握手，可能也不会造成这一误会，不过，值得庆幸的是，老王及时帮助他解开了误会。

英国著名动物学和人类行为学家德斯蒙德·莫里斯说："握手是表现热情的一个动作。"用一只手握手已经能表达热情了，如果再添上一只手，甚至握住对方的手腕，再拍拍他的肩膀，则表现出十分的热情，同时还能展示自己的诚意。不过，伸出双手而且用力握手的人，一方面能给人一种真诚、诚实的印象，另一方面也能反映出"自己很强大，给对方造成威压感"的内在心理活动。

当然，商务场合中，就握手这一礼仪，我们需要注意的是：与会时应先与主人握手，再与房间里其他人握手；男士与女士握手时需待女士先伸出手，而不能主动与女士握，握时轻握女士的手指部分，不要握手掌部分；不要随便主动伸手与长者、尊者、领导握手，应等他们先伸手时才能握；对方可能未注意自己已伸手欲与之相握，因而未伸手，此时应微笑地收回自己的手，无须太在意。

现代社会的商务场所，握手是在所难免的礼仪，在合适的场合主动伸出手，不仅能彰显我们的热情、真诚，还能帮助我们赢得气场和心理优势，进而有利于主动权的掌握！

谈话中对方突然整理领带意味要求得到注意

曾经有这样一个传说：

17世纪中叶，克罗地亚骑兵在法国巴黎接受国王路易十四的检阅，他们刚从战场凯旋，身着威武的制服，一个个英姿勃发。更让国王感到欢喜的是，这些骑兵脖颈上都飘着颜色鲜艳的布带，有人还别出心裁地将布带在领口挽一个漂亮的结。后来，一部分男人将布带改造得越来越短，做成领结。另一部分人使它越来越长，往下延伸演变为领带。

这就是领带的由来。经历了长时间的岁月变迁，现代社会中领带已经成为男人在社交场合最基本的配饰之一，从佩戴的领带上基本上可以解码这个男人的性格。

有人说，男人出门可以不带刀枪，但穿上西装他们一定要扎领带。男人的衣橱里可以只有一套西装，却绝不可以只有一条领带。可以这样说，一条领带塑造一个男人。

我们也不难发现的一点是，在商务场合，领带对于男人就像门面一样重要。那么，在洽谈的过程中，一个人突然整理自己的领带意味着什么呢？

心理专家称，突然整理领带之类的动作，除了具有自我注视的含义外，也有人认为那是一种自我防卫手段。对方整理领带的行为不应该是感觉无聊的表现，也许那个刚才一言不发的人马上就要开口了，其注意力开始转移到自己身上，这叫作“自我注视”心理。一些动物也有类似的行为，比如，猫用舌头梳理自己的毛，鸟用嘴啄自己的羽毛等。当人的意识转向自己的时候，就会注意自己的外表，将外表整理停当后，好像要向他人宣布:“请大家注意我!”

我们不妨先来看下面这样一个案例：

陈颖是某大型卫浴公司的销售部经理，因此，她需要经常参加一些涉外商务谈判。她经常开玩笑说：“我虽然是一个弱女子，但在和这帮老外谈判的时候，我可从来没有吃过亏。其实，谈判过程中，一定要保持冷静，摸清楚对方的心理再说话是很有必要的。”

陈颖是这么说的，也是这么做的。

一次，有一单一百多万的生意，陈颖代表公司前去谈判。

在谈判桌上，陈颖一直在向对方阐述公司产品的优越性，对方代表也一直在点头，陈颖明白对方应该是满意的。但谈到价格时，陈颖注意到对方代表突然整理了一下自己的领带，这是有话要说、不同意的意思，陈颖心想，这个外国人看样子是不同意价格。于是，她说：“我们两家公司是头一次做生意，我们公司产品的性能，相信贵公司已经了解，你们有什么疑问的，可以提出来。”果然，不出陈颖所料，对方要杀价，其实问题不在于价格，而是对方的态度和气势，对方话里的意思很明白，他们认为陈颖公司的卫浴产品完全不值这个价。面对高高在上的对方，陈颖采取的态度反而是委婉，“不好意思，这个价格我还要考虑一下，但估计情况不会太乐观，因为我们卖的是品质。”最后这个客户一拍桌子站起身来就走了。

两天后，这位客户从欧洲飞回来，说一定要马上见陈颖，而陈颖给他的回复是：“抱歉，两三天后我才有时间。”后来，这笔生意以双赢的结果成交。

在这场商务谈判中，我们发现，销售代表陈颖是聪明的，她能从客户的各个小动作中看出对方的心思。在发现对方突然整理了领带以后，便让顾客把价格异议这个问题主动说出来，当然，最后她毫不妥协的魄力也是值得敬佩的。

巴尔扎克说，领带是男人的介绍信。对面行来的男人品位如何，他的领带会告诉你。只要男人系上领带，他的身份、地位、个性，甚至是一些他刻意想隐藏的私人信息，如果你有心，即使他不开口，你也能猜度个八九不离十。

眉毛突然挑动是有疑问的表现

商务活动中，在与他人交涉时，也许你经常看到他人有这样的一个微表情——挑动眉毛。在眉毛的各种状态中，最为诡异的是挑动眉毛的情形，即一边的眉毛下垂或者保持不动，一边的眉毛高挑。它又代表什么呢？以下的案例能够很好地为我们解答这个问题。

阿建是一名室内设计师，工作内容主要是为客户设计办公室、居所以及大型的商场等。

这天，阿建带着自己的设计来到客户的公司，准备和客户交涉一下具体的设计细节。当他一进客户的办公室时，他就发现客户表现得很不友好：客户斜眼上下打量了阿建，流露出一点鄙夷。

不出所料，当阿建拿出设计准备和客户谈时，客户就开始挑毛病了，大到整个办公楼的功能划分、整体布局，小到办公桌的摆放、绿植的位置，客户统统不满意。而且，客户还拿出了自己的设计，看那架势，非要和阿建一较高低。阿建真是没辙了，最后，他只好拿出自己事先准备的杀手锏，告诉客户自己的设计更加经济实惠，实施起来，至少会比客户亲手设计的方案节省20%。听到这里，客户不置可否地笑了笑，并且不自觉地挑了挑眉毛，抽动了一下嘴巴，流露出不相信的神情。

阿建当然清楚客户这一表情背后的含义，他知道客户不相信他。于是，接下来他便拿出计算机和纸笔，为客户算起账来，他一边算，一边很有耐心地把一项项开支为客户指出来，并且和客户的设计方案进行了详细的比对，告诉客户哪些钱是可以省的，哪些钱是必须花的。算到最后，客户发现，原来阿建并没有骗他，他确实可以少支出30%的开支。在阿建耐心而细致的计算过程中，客户的眉毛渐渐地舒展开了，之前挑起的眉毛也放了下来，不仅眼含笑意，而且频频点头。

显而易见，最终，客户接受了阿建提出的设计方案，从那以后，他还为阿建介绍了很多生意。

在这个案例中，客户为什么要挑动眉毛呢？其实，他这一微表情透露出的消息是：他对设计师阿建提出的设计方案不屑一顾，而且产生了怀疑和否定的心理。不过，聪明的阿建在看出客户这一心理后，很快找到了解决的对策。

我们都知道，在人的脸部，眉毛与眼睛离得最近、关系最密切，因而，我们在分析脸部表情密码的时候，就不得不提到眉毛。在生活中，眉毛的表情达意功能非常强大，如果注意观察，就能透过眉毛传递的信息洞察别人的内心世界。

通常情况下，人们处于不同的情绪之中，眉毛的形态是不一样的：当一个人心平气和时，眉毛基本呈水平状；当一个人沮丧万分时，眉毛就会耷拉下来；当一个人非常生气时，眉毛就会倒立起来，甚至还会怒发冲冠；当一个人高兴时，就会眉飞色舞；当一个人遇到难题时，眉毛就会紧蹙起来，紧缩不开……心理学家经过研究，发现眉毛的动态表达功能居然多达二十多种。

美国社会心理学家琳·克拉森对人们的面部器官进行了长期的、细致的研究，被人们称为“读脸专家”。在研究中，克拉森发现人们的面部表情生动传神、非常微妙，而且，人们虽然可以控制自己的情绪，却很难控制自己的面部表情。因此，这些表情总是毫无保留地透露一个人的所思所想。而在这些面部表情中，她认为眉毛最能表露一个人的心声。例如，当眉毛向下靠近眼睛的时候，表示一个人充满热情，非常愿意和身边的人友好相处。总而言之，从一个人的眉毛，能够看出他的心理状态。

很多时候，人们在说话的时候都会做出一些微表情来强调自己所说的内容，这些微表情大部分也是下意识的，大多数人会选择用手部或者用头部的运动来标记自己讲话的重点，但也有一部分人喜欢用眉毛。从上述故事中，我们可以得到一个启发：与人交往时，如果对方挑动眉毛，那么这表示他对你的话并不信任，此时，你必须表达自己的真诚，以真诚感动对方。

眉毛斜挑的人，通常处于怀疑状态，那条扬起的眉毛就像一个问号似的，或者希望你主动偃旗息鼓，主动终止交易，或者希望你给出合理的解释。这时，真诚是化解疑问的最好方法。

频繁点头意味着什么

在这个商业社会的信息时代，我们时时刻刻都要从事一些商业活动，而大多数时候，我们和对方打的就是心理战。交涉一开始，就进入心理战，临场反应很重要，我们要顺利达到自己的目标，就得掌握奥妙的人性心理，并通过语言成功操纵对方的心理。

在商务活动中，可能你曾经感到疑惑：当你侃侃而谈时，对方不停地点头，这真的是认同吗？

一般情况下，“点头”表示同意，“摇头”表示否定。但实际上，点头的含义并不那么简单，它包含的是两方面的含义，第一，就是表示

“同意”或“关心”；第二，也可能表示“不关心”“动摇”“无聊”等负面的感情。我们不妨先来看下面的故事：

杨华在一家大型图书公司工作，她很热爱这份工作，不仅因为她在没事的时候可以看各种图书，还因为她为很多读者推荐了适合他们的书籍。

一天，她接到一笔订单，要和一家大型书店谈一笔生意。见面后，杨华发现对方负责人是一个很年轻的女孩，她心想，身为同龄人，一定有不少共同语言。

接下来，杨华并没有直接谈起购书的事，而是先说时尚、服装、化妆品这些，令杨华感到奇怪的是，对方好像是个木讷的人，尽管杨华一直在侃侃而谈，她也一直在点头，却一言不发。

肯定是哪里出了什么问题，杨华边喝咖啡边想，啊，原来点头并不是同意，而是已经不耐烦了，杨华突然想起自己在心理学书籍上看到的这段话。可能对方是个与众不同的女孩，也许对方根本对这些大众女孩喜欢的事不感兴趣，还是把话语主动权交给对方吧。

接下来，她说：“陈经理年纪轻轻就做到这个职位了，肯定是个不简单的女孩，谈谈你的爱好吧。”听到杨华这么说，对方好像打开了话匣子一样，原来，她更关注小动物和盆景，她经常去流浪动物协会做义工，她的家里还养了近百种花草。

“看来我没看错，你是个与众不同的女孩，你这么善良、有爱心，还心灵手巧，难怪能成为很多读者的购书导航呢！”杨华这样赞美她。

杨华注意到，对方再也没有频繁地点头了，看来自己找到了问题的症结。果然，谈话结束后，对方满脸笑意地主动提出成交，还称很乐意交到杨华这样的朋友。

我们发现，案例中的图书销售员杨华是个聪明的人，尽管在销售之初，她因为没有把握客户的微动作的真正含义而差点失去一单生意，但庆幸的是，她发现了问题出在哪里，然后把话语的主动权交给客户，让客户谈起了自己感兴趣的话题，打开了话匣子，从而很好地帮助顾客作了决定，完成了销售目标。

这个案例也告诉我们，有时候，点头也未必是赞同、认同的意思，相反，它表示的是不耐烦、不关心。那么，该如何分辨点头的具体含义呢?关键点在于点头的时机。例如，在你一句话说完的间隙或者征求对方同意时，对方点头代表他“同意”你的话。这是他对你的话感兴趣的证据，也说明他在认真听你说话。

然而，如果对方不分时机地频繁点头，则很可能说明他对你的话没有兴趣，或者感到厌烦，他心里可能在想：“你赶快说完吧！”也有可能是你谈话的思路与他预先所设想的已经偏离了，于是，他产生了动摇的情绪。他想通过点头的方式，催促你赶快把话说完，以度过这段无聊的时光。

了解了点头的心理之后，在需要的时候，我们也可以通过这种方式提醒别人注意他们所说的话。不过，当我们的内心产生“不关心”“动摇”“无聊”的情绪时，若不想让对方看透自己的心思，就要注意自己的点头频率了。如果无意识中频繁点头，对方就可能感受到我们的心情。

一般情况下，点头表示赞同，但如果对方像鸡啄米一样不停地点头，那么，你就需要注意了，他可能对你的话根本不感兴趣，他只是希望你赶紧停止滔滔不绝的言论。

眨眼次数明显增加，背后隐藏着什么秘密

有人说，参加商务活动的人，都有自己的小算盘，也都精明过人，但这并不意味着我们无法了解他们的内心。事实上，微动作就是很好的突破口。细心的你可能曾发现，在你与对方交谈的过程中，对方会突然眨眼，并且次数频繁，这意味着什么呢？

心理学家称，眨眼这个看似很小的微表情也透露着一个人的内心。一般来说，眨眼有三种，第一种是随意性的眨眼；第二种是保护性的，如当人遇到有潜在危害性的视觉刺激如强光时，会眨眼；第三种是自主发生的眨眼。据有关研究，第三种眨眼每天约有15000次。

陈潇是学市场营销的，毕业之后，他在一家化妆品卖场担任护肤品的推销员。他是个很有眼力见儿的人，似乎总是能找出客户的需求，并能成功推销产品，因此，他的推销业绩很好。

这个周末，卖场和其他周末一样，来了很多消费者，其中有不少俊男美女。尽管人很多，但忙碌的陈潇还是在人群中发现了一个特殊的女士：她大概三十多岁，一身简单又名贵的连衣裙。来到卖场，她一句话不说，只是不停地看护肤品。

面对这样的客户，几个推销员在得到“爱搭不理”的回应后，就不再招呼她了。而陈潇则发现这个客户有个特殊的动作——她在看推销员

为其他客户介绍产品的时候，每次眨眼都会闭上眼睛2~3秒。

陈潇知道这种客户一般猜疑心重，对于推销员的话不相信，才会有这样的表情，于是他只是站在不远处，并不作过多的介绍，等这个女士抬头寻求帮助的时候，他才过去帮忙介绍产品的功能和价格。很快，这位客户购买了商品匆匆离开了。

这则销售案例中，在其他推销员无计可施的情况下，推销员陈潇并没有贸然推销，而是先观察客户，从客户的肢体语言——总是不停地眨眼睛，并不说话，判断出客户不理睬推销员是因为其疑心重，于是在客户需要帮助的时候才过去帮忙介绍产品的功能和价格，从而顺利把产品推销出去。

的确，专业的推销员往往都是察言观色的好手，他们都能从客户的表情中知晓对方的内心活动。如果客户对你眨眼睛，而且频率非常低，那表明客户对你的话表示蔑视和嘲笑，也就是对你的产品介绍根本没有兴趣，如果你继续进行下去，势必没有任何效果，而且会引起顾客的反感。这时候就要积极地改变策略，转移话题，重新想办法说服顾客。当你发现顾客眨眼睛的频率变高的时候，说明你的说服起到作用了，客户开始动心了。

那么，眨眼这个小动作到底有什么秘密呢?

1.眨眼频率延长：蔑视的表现

眨眼是人们有意识控制下的行为，如果一个人在和你谈话时，出现了每次眨眼都闭上眼睛2~3秒甚至更长时间的现象，那么，这表明他对你的话不感兴趣，出现了厌烦情绪等，他希望你能立即打住话题，对此，你应该知趣一点；而如若他一直闭着眼睛，那么，这说明他根本不想看见你。

2.眨眼频率加快：感兴趣的标志

对方眼睛闪烁，说明他对你们之间的交谈兴趣浓厚。

举个很简单的例子，如果你是一个公司的领导，这天你召开了一个会议，所有下属好像都在认真地听你讲话，但事实上真是这样吗？当然不是，那么，你可以通过下属们眨眼的频率来判断。

3.从眨眼频率看他是否在撒谎

心理学家称，一般来说，在正常且放松的情况下，人们的眼睛每分钟会眨6~8次，每次眨眼时眼睛闭上的时间只有1/10秒。但当人们撒谎时，眨眼的频率会明显提高，而且人们闭上眼睛的时间会比正常情况长1/10秒。

从一个人的眨眼频率上，我们能看出对方的内心活动，包括对方的情感好恶、是否撒谎等，了解对方眨眼背后的含义，能帮助我们做出进一步的交流策略。

参考文献

[1]姜振宇.微反应[M].武汉：长江文艺出版社，2016.

[2]文德.微心理[M].北京：北京联合出版公司，2014.

[3]陈璐.微反应心理学[M].北京：中央编译出版社，2015.

[4]哈杉，宋德标，赵曙光.微心理：人际关系中的心理博弈策略实战版大全集[M].南京：江苏凤凰美术出版社，2017.